动物疫病防控技术丛书

猪场主要病毒性传染病防控技术手册

王 林 主编

中国轻工业出版社

图书在版编目（CIP）数据

猪场主要病毒性传染病防控技术手册 / 王林主编. —北京：中国轻工业出版社，2022.2

（动物疫病防控技术丛书）

ISBN 978-7-5184-3742-9

Ⅰ. ①猪… Ⅱ. ①王… Ⅲ. ①猪病—传染病防治—手册 Ⅳ. ① S852.65-62

中国版本图书馆CIP数据核字（2021）第233605号

责任编辑：罗晓航　　责任终审：劳国强　　整体设计：锋尚设计
策划编辑：罗晓航　　责任校对：吴大朋　　责任监印：张　可

出版发行：中国轻工业出版社（北京东长安街6号，邮编：100740）
印　　刷：北京博海升彩色印刷有限公司
经　　销：各地新华书店
版　　次：2022年2月第1版第1次印刷
开　　本：710×1000　1/16　印张：7.75
字　　数：160千字
书　　号：ISBN 978-7-5184-3742-9　定价：80.00元
邮购电话：010-65241695
发行电话：010-85119835　传真：85113293
网　　址：http://www.chlip.com.cn
Email：club@chlip.com.cn
如发现图书残缺请与我社邮购联系调换
201335K1X101ZBW

动物疫病防控技术丛书
编委会

《猪场主要病毒性传染病防控技术手册》编写人员

主　编　王　林

副主编　潘　珺　姚建聪

编　者　（以姓氏笔画为序）

龙　剑　刘从敏　孙　丹　杜　鹃

李　蕊　吴　迪　陈　奇　苗　燕

袁万哲　夏　天　郭万里　程敏姮

魏兴良

动物疫病防控技术丛书
总序

2020年9月27日，国务院办公厅印发了《关于促进畜牧业高质量发展的意见》（国办发〔2020〕31号），明确指出畜牧业是关系国计民生的重要产业，肉蛋奶是百姓“菜篮子”的重要品种；明确提出坚持防疫优先的基本原则，将动物疫病防控工作作为防范畜牧业产业风险和防治人畜共患病的第一道防线，着力加强防疫队伍和能力建设，落实政府和市场主体的防疫责任，形成防控合力。

近年来，动物疫病种类增多，一二三类动物疫病达157种，已知的人畜共患病超过200种。影响疫病发生的因素更加复杂，预防控制难度不断加大。非洲猪瘟、高致病性猪蓝耳病、猪流行性腹泻、禽流感、布鲁氏菌病、狂犬病等动物疫情的发生，不仅严重危害畜牧业的高质量发展，降低畜禽产品供应安全保障能力，也会带来重大的公共卫生安全问题。

为适应畜禽养殖规模化发展，提升动物疫病防控能力，北京市动物疫病预防控制中心组织专家编写了“动物疫病防控技术丛书”。丛书及时总结了国内外最新兽医科技创新成果和防控经验，旨在为广大基层动物防疫工作者提供参考和指导，从而提高动物疫病防控能力和水平。

由于编者水平有限，加之兽医知识不断更新，书中难免存在不妥之处，敬请读者批评指正，以臻不断完善。

编委会

2021年3月

前言

近年来，中国的养猪业一直受到多样致病性猪繁殖与呼吸综合征病毒、猪流行性腹泻病毒、伪狂犬病病毒等主要病毒疾病的侵袭。虽然通过疫苗免疫等技术方案增加猪的抵抗力，可以减少疾病侵入猪场后的经济损失，但是从2018年非洲猪瘟病毒传入中国以来，该病毒的持续变异造成强毒株和弱毒株并存流行的现状，彻底打破了中国养猪生产者依赖疫苗进行疾病管理的均衡局面。由于病毒疾病没有有效的药物进行治疗，因此需要采取综合的防控措施。

为了便于读者学习和掌握猪场9种主要病毒疾病的相关知识，我们编写了《猪场主要病毒性传染病防控技术手册》一书。本书主要包括保障猪群健康的综合生物安全体系、疾病概述、病原学与流行病学、临床症状与剖检病变、实验室诊断标准、综合防控措施等相关内容。

随着9种病毒疾病相关研究的不断深入，疾病防控知识也会随时更新，本书所载内容可能有许多不妥和疏漏之处，敬请读者批评指正。

编者

2021年10月

目录

第一章

保障猪群健康的综合生物安全体系

第一节 生物安全的定义

“生物安全”是英文的舶来品，英文称“biosecurity”，也曾称“biosafety”。Biosafety多用于实验室，指采取科学措施防止人或者动物接触微生物，避免对人或者动物产生危害。在韦氏词典里，biosecurity最早应用于1973年。20世纪90年代，澳大利亚、新西兰、美国等国把生物安全概念引入农业领域，在畜牧生产中也有使用。2021年4月15日，《中华人民共和国生物安全法》开始施行。该法第二条指出，生物安全是指国家有效防范和应对危险生物因子及相关因素威胁，生物技术能够稳定健康发展，人民生命健康和生态系统相对处于没有危险和不受威胁的状态，生物领域具备维护国家安全和持续发展的能力。具体到动物健康领域，生物安全是指为了使各类病原及携带有病毒、细菌、真菌、寄生虫或其他病原微生物的污染物远离动物和人群而采取的一系列预防和控制措施。

生物安全分为结构生物安全和操作生物安全。结构生物安全是指物理设施及其维护，包括动物舍、配套设施以及动物舍设计中用到的生物安全理念和措施等。操作生物安全是指人们严格遵守国家的政策法规、养殖场内部的管理规程和操作程序。

第二节 猪场生物安全体系

生物安全是一个综合性的体系。猪场生物安全体系是指排除疫病威胁、保护猪群健康的各种方法的集成，主要包括选址、引种、分级管理、猪群监测、无害化处理、食堂管理等关键要素。

一、选址

（一）建场前评估

建场前进行生物安全评估可避免发生决策错误，有利于整个行业的良性发展。场址选择时，应以被评估猪场为圆心，评估其半径10km区域内规模场和散养户情况（包括猪场数量、类型和规模状况）、可能的污染源、风向、地形、气候、自然隔离条件等。

1. 猪只数量

高效收集被评估猪场周围的养猪信息，是做好评估的关键。

（1）通过实地调查的方式或与饲料经销商、兽药经销商、疫苗经销商和当地政府人员（县级和镇村级）进行沟通，预估0～2km、2～5km、5～10km范围内的猪只数量；

（2）统计5km范围内规模化猪场（年出栏量>500头）数量并将其地点标记出来。距离被评估猪场越近、公共道路交叉越多，其对被评估猪场的生物安全的威胁就越大；距离最近的规模化猪场，如果在被评估猪场的上风向，那么道路交叉越多、猪群健康水平越差，对被评估猪场的威胁就越大。

2. 猪只密度

（1）当地猪只密度　以被评估猪场为圆心，其5km范围内猪只的数量，计算出每平方公里猪只的数量（注：不包括被评估猪场的猪只数量）。

①低密度：<100头猪/km^2；

②中等密度：100～200头猪/km^2；

③高密度：200～400头猪/km^2；

④超高密度：>400头猪/km^2。

（2）区域猪只密度　以被评估猪场为圆心，20～50km区域的猪只密度。被评估的猪场可能位于3～5km猪只密度较低的区域，但其20～50km的区域猪只密度高，同样会增加其整体环境生物安全风险。

3. 猪场地形和地势

确定猪场是位于高山、平原或丘陵（位于上风向还是避风向）。如果位于平原，是否有防风林或者沟壑毗邻。一般情况下，上述位置的生物安全级别依次下降，即高山>丘陵（避风向优于上风向）>平原（沟壑优于防风林，防风林优于没有任何遮挡的平原）。

4. 污染源的距离

表1-1所示为猪场与各个污染源的建议相隔距离。

表1-1　猪场与污染源的建议距离

污染源	屠宰场	垃圾处理场	死猪处理场	活畜交易市场	车辆洗消点	其他猪场粪污消纳点
距离/km	>5	>1	>2	>10	>1	>2

5. 运猪车经过交叉道路的频率

离公共道路越近，运猪车经过的可能性越大，表1–2所示为运猪车经过猪场交叉道路的频率评估对应值。

表1–2 运猪车经过猪场交叉道路的频率评估对应值

运猪车数量 /（辆 /d）	频率
<5	很少
6～15	中等
>16	频繁

6. 外部生物安全综合评估

表1–3对各项指标的重要性进行了排序，*号越多，该指标越重要。应根据被评估指标的重要性进行综合生物安全的评估。

表1–3 外部生物安全评估指标的重要性排序

指标	重要性
被评估猪场周围10km猪只的数量	****
被评估猪场周围5km猪只的密度	***
离被评估猪场最近的规模化猪场的距离和规模	**
被评估猪场的地势/地形	**
被评估猪场周围20～50km区域猪只密度	**
猪场与最近道路的距离和每天经过的运猪车数量	**
被评估猪场的规模	*
5km猪场的数量	*
其他动物的影响	*

（二）建场后评估

猪场建成后，应对其场址的生物安全开展季度自查，或至少每半年做一次评估。定期评估可了解猪场周围生物安全风险因素的变化，不仅有利于猪场的生物安全管理，也有利于疫病发生时快速判断疫病传入的可能来源，并采取有效的防控措施。

（三）选址要求

以猪场为圆点，划分500m、1km、3km三个同心圆的场外安全距离。

（1）距离城乡居民区、文化教育科研等人口集中区域500m以上；距离公路、铁路等主要交通干线500m以上；周边500m范围内无酒店、餐厅、饭店等餐饮服务场所。

（2）距离其他生猪养殖场所、生猪屠宰加工厂、猪肉及相关制品销售市场、非本场专用猪粪肥收集处理场所1km以上；周边1km范围内无开放式生活垃圾堆放场点。

（3）距离牲畜诊疗场所、动物隔离场所、无害化处理场所3km以上。

二、引种

生猪养殖场应建立自繁自养饲养模式，非必要不引种。如猪场需要引进后备母猪以更新母猪群，或需要引进公猪、精液维持生产或提高繁殖效率，则需要严格执行以下措施以避免因引种带来的疫病风险。

（一）种猪及后备猪引入

1．引种前评估

确定来源猪场未发生过非洲猪瘟或者其他主要传染病，且没有携带病毒猪。要有代表性样本的检测数据，并结合猪群历史和当前健康状况进行评估确定。根据《跨省调运乳用、种用动物产地检疫规程》的要求，引进种猪需要提供口蹄疫、猪瘟、高致病性猪蓝耳病、猪圆环病毒病、布鲁氏菌病5种病原的检测证明。

2．进场前隔离

拟引种的猪场必须设置隔离舍。引入的后备猪或者种猪需在隔离舍进行隔离观察30d以上，以确保没有携带相关病原。隔离舍跟猪场的主区应有物理间隔，建议距离300m以上，且处于下风向；有单独排污和粪污处理通道，防止污水和粪便流到主区。在隔离期间，需密切观察猪只临床表现，并开展病原学检测，确认未感染且不携带病原方可进入本场猪群。如在隔离期间，发现并确认其感染某种疫病，应针对该疫病采取相应的防控措施。

（二）精液引入

来源场遵循种猪（后备猪）同样的原则。精液须多层包装，采用逐步脱衣和层层消毒的做法，分步骤进入生产区，确保仅最内层跟本场猪接触。

三、分级管理

围绕人员、物资、饲料、运输工具等建立分级有效的管理。

（一）人员

人员管理包括猪场的管理人员和员工、施工人员、污水处理人员、网络维护人员、政府监管人员等所有进出猪场的人员。

1. 背景调查

了解所有入场人员来场前7d内的接触背景。了解他们是否去过其他猪场，是否跟猪接触，是否去过屠宰场，是否去过肉铺，是否在家里烹饪过猪肉，是否接触过猪肉。上述这些都是可能的病原污染来源。

2. 进场流程

可采取拒绝访问、场外隔离、洗澡更衣、场内隔离等措施，进行逐级减除的风险管理。

（1）本场员工　要求本场员工在场外隔离2d并洗澡、更衣后，由专车运至猪场门口；鞋子由专车运送，不进入门卫室；换鞋进入人员通道，洗澡、更衣后进入生活区隔离宿舍；隔离2d后方可在生活区活动，隔离期间每天洗澡；如需进入生产区的工作人员，应在生活区隔离2d，洗澡、更衣后进入生产区。多层次入场程序示例如图1-1所示。

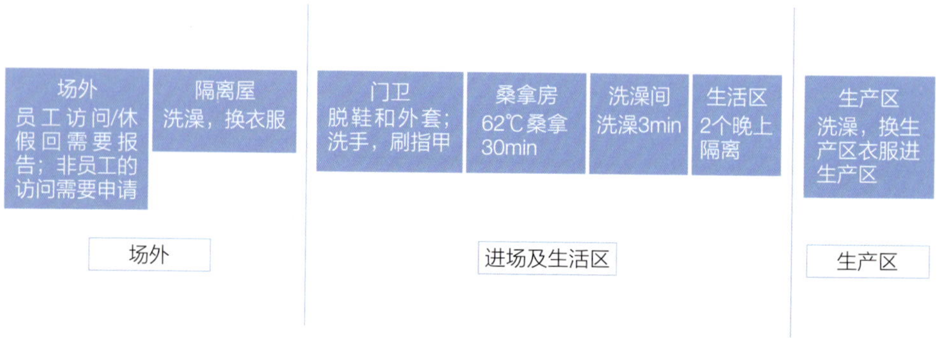

图1-1　人员进场层级风险减除

（2）场外人员　如非必要，一律谢绝无关人员进场。进场人员须严格执行登记和六步消毒防护措施，方可进入猪场。六步法操作如下：

①踩踏消毒池或消毒足盆进行鞋靴消毒。

②将全部衣服和鞋靴脱下，换鞋。

③洗澡（包括头发、指甲均要清洗干净）。

④穿戴场内工作服和鞋靴。

⑤手部消毒。

⑥踩踏消毒池或消毒足盆消毒鞋靴后进入场区。

（二）物资

入场的物资繁多，包括办公用品、生活用品、生产物资、疫苗、药品、耗材等。物资入场程序如图1-2所示。

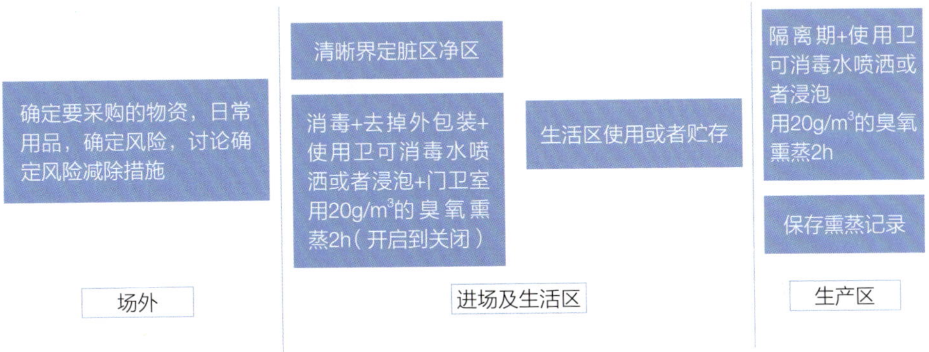

图1-2　物资入场的层级风险减除

注：卫可化学品名为过硫酸氢钾复合物粉。

1. 疫苗

疫苗入场要特别小心谨慎。一是疫苗的外包装可能被病原体污染。二是疫苗有严格的冷链温度要求，处理或者保存不当，就会失去效力。所以，在逐层脱包装消毒入场的过程中要维持疫苗的储存要求。

2. 一般物资

入场时，一般在猪场大门处的物资通道做外表消毒、脱包装、表面喷雾消毒或者经过臭氧熏蒸消毒后入场。臭氧浓度要实时监测，确保达到有效杀灭浓度，且要储备备用臭氧机。有些猪场采用物资先经过一次烘干，再经过臭氧消毒的程序。在这种情况下，要注意监测烘干室物资表面温度，确保能够达到有效杀灭温度和持续时间。如物资表面的实际温度达不到设定温度，则可能导致病原体杀灭效果不理想。

3. 特殊物资

一些设备和设施因体积大或其他原因，不能进行熏蒸消毒或烘干处理，可采用外表消毒、静置，脱包装入场、再次静置等措施进行分级减除风险。

（三）饲料

养猪行业从业者必须要重视饲料的生物安全。饲料一旦污染，污染面可能是巨大的。

1. 污染来源

饲料原料，例如玉米可能在收获、晾晒、运输过程中污染病毒。部分其他原料，如维生素、氨基酸、添加剂、微量元素等，在生产和运输过程中，也可能因为接触到污染的车辆而携带病毒，成为间接污染源。研究表明，在实验室条件下，部分饲料成分能够支持病毒生存。能够支持病毒生存的饲料原料包括豆粕、干燥的玉米酒糟、盐酸赖氨酸、氯化胆碱、维生素D、肠衣、有机豆粕和豆饼等。饲料传播猪流行性腹泻病毒（*Porcine epidemic diarrhea virus*，PEDV）的研究是在北美最先开展的。饲料传播猪流行性腹泻病毒风险的发现和干预也是最先在北美实践的。

2. 饲料的生物安全控制措施

（1）确保饲料来源安全　对饲料厂进行考察，要求其执行良好的生物安全，包括原料来源、运输、接收；卡车进出场路线无交叉；人员进入的生物安全（不能携带猪肉和猪肉制品）；风险物资的确定和安全管理；厂内设置脏区和净区等。

（2）饲料分级管理　使用专用饲料车，严格按照规划路线行驶；饲料车不能进入猪场（图1-3和图1-4）；散装饲料通过空中管道将饲料传送至中转料塔，袋装饲料进行臭氧熏蒸消毒后转至中转料塔；饲料需储存24h并抽样检测阴性后方可传送至生产区内；场区内尤其是中转料塔需设置防鸟器，以降低间接传播病毒的风险，特别是非洲猪瘟和猪流行性腹泻等的传播风险。

图1-3　饲料车不能进场，跟场内区有物理阻隔

图1-4　企业的中转料塔，饲料车不允许进场

（四）运输工具

动物及其副产品的运输工具，包括卡车、运猪车等都可能传播疾病。污染可能来自车辆的车厢，也可能是污染的轮胎。所以，在任何车辆靠近或进入猪场前都必须进行风险评估，采取严格的调查、清洗、消毒和烘干程序后才能靠近和进入。对车辆进行烘干操作时，必须对烘干室和车辆各个部位的实际温度进行监测，确保达

到设定温度。

1．车辆发生污染的情形

（1）曾运输感染猪或到过发病猪场。

（2）经过疫区时，车辆和轮胎被病毒污染。

（3）司机接触了污染物，并把污染物带进了驾驶室，并参与了装卸过程，感染了猪只。

（4）司机接触了其他可能污染的人员。

（5）路途中，有污染的人员靠近、接触车辆。

（6）车辆停靠在检查站，检查站停靠有其他污染车辆等。

实践中，从车辆采集的样品中可检测出病毒，确证了车辆污染的情况。因此，需限制车辆进入猪场，尽可能场外卸载。最大限度地把车辆停在远离猪场的地方，并采取严格的生物安全措施进行管控。

2．降低运输污染风险的措施

（1）要选择来源清晰的车辆。

（2）要对车辆进行定期监测，发现是否存在污染的情况。

（3）设置车辆中转洗消中心　生物安全的原则是将风险远离猪场。种猪场有种猪出售，也有副产品和淘汰猪出售。商品猪场有大量商品猪出售。这都需要卡车来运输。高频次的车辆来往，即使有科学的程序和严格的执行，也很难做到万无一失。所以，企业应在猪场2km以外的地方，设置一个中转点（图1-5）。使用专用车辆把猪运到中转点，中转点要经常消毒，每半个月铺撒一次熟石灰。

（4）车辆洗消　在不同猪场间运输种猪和商品猪的车辆需要进行彻底的清洗和消毒。清洗的第一步是彻底清除有机物和残余物等，然后从上到下进行高压冲洗，保证缝隙冲洗干净。清洗完成后对车辆进行清洗效果检查。之后，进行消毒和烘干（图1-6）。烘干已经成为规模化猪场的标准操作程序。

图1-5　商品猪出场中转点

图1-6　车辆烘干

（5）出猪台设置及管理　车辆即使经过清洗—消毒—烘干等程序，也不能万无一失。这时候还要采取措施，避免污染的车辆通过人、猪把病毒带进生产区。因此，将出猪台分为净区和脏区（图1-7），进行分级生物安全管理十分重要。

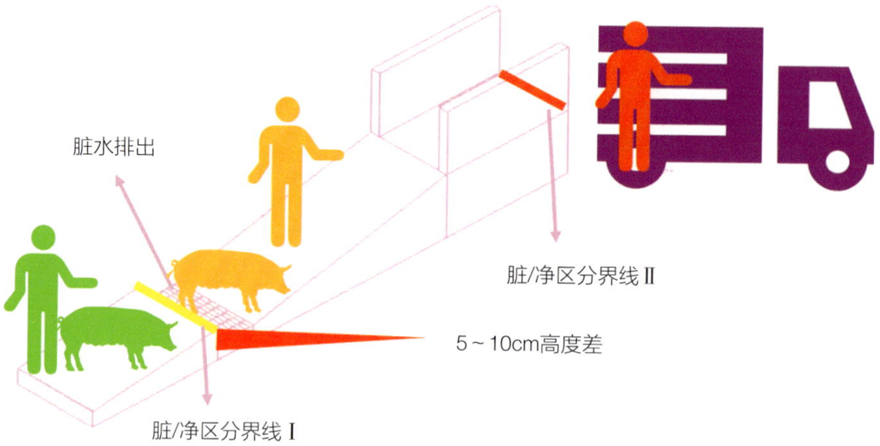

图1-7　出猪台分级生物安全设计

四、无害化处理

（一）病死猪处理

合理处置病死猪是为了尽快消除污染源，并避免其通过携带者或运输工具传播。工作人员将病死猪（流产、死胎、病死小猪等）放置在栏位边缘，下班时，戴上手套统一收集到收集桶里，从净区转至脏区（脏区有收集装置）。净区人员禁止跨过分界线跟脏区接触（图1-8）。病死猪到脏区后由专人使用专用运输工具清除，进行焚烧或者深埋处理。脏区要及时消毒。

图1-8　病死猪通道及运输工具

（二）粪污处理

猪场每天有大量的粪尿排出，需要经过干湿分离，将液体储存起来（图1-9），并进行科学处理以达到环保标准。另外，粪里面含有大量的病原体，包括病毒性病原体和细菌性病原体。所以，要采取科学措施，集中收集干粪，通过堆肥或机械加工的方法消除病原体活性。在转运过程中，要防止粪便流溢，也要防止病原体通过人或车辆扩散。

图1-9　粪污处理

五、猪群监测

猪场要定期开展病原和抗体监测，掌握猪群健康状况。如果猪场发生疑似动物疫病，需启动调查。只有在确认没有疫情的情况下，才能销售猪只。一旦确认疫情，要及时采取措施消除病原体。

六、食堂管理

猪场属于劳动密集型行业，一般都配有厨房和食堂。食品种类多种多样，包括肉类、海鲜、蔬菜和水果等。应禁止外部的任何猪肉和猪肉制品进入猪场。同时，为排除诸如鸡鸭鱼肉的摊位可能与猪肉摊位并排而污染非洲猪瘟或者其他病原体的风险，要选择经过审查的供应商，以最大限度地避免污染的存在。

食品要使用专用车辆运到场门外，经过清洗和消毒后进入厨房。建议清除污物后，使用20g/L柠檬酸进行清洗，清洗后静置10min以上。

即使经过严格的控制程序，厨房也可能被污染，因此，其在猪场内被视为脏区，需进行定期消毒并严格管控，避免厨师、厨房工具与饲养人员接触。

第三节　生物安全文化建设

生物安全文化是人类在利用生物技术从事生命科学研究和生产应用等各项活动中所创造的安全生产、安全生活的精神、观念、行为、环境和物态的总和。本节将以问答的形式来描述建设猪场生物安全文化的几个关键要素。

一、坚持以人为本

人是生物安全措施的关键因素，而不是苍蝇、蚊子和飞鸟。员工是否愿意接受企业制订的操作程序决定猪场生物安全的可持续性。因此，应从员工角度出发制订标准化流程，提供生物安全培训，加强人文关怀，以激励员工责任感，从而保障猪群健康、保持猪场盈利。

示例1：是否尽可能提供令员工舒适的条件？

（1）是否定期检查猪场的洗澡间？

（2）是否提供24h热水？

（3）是否有取暖设备？

（4）是否始终有沐浴露和洗发水？

（5）是否有电吹风？

示例2：使用消毒剂时，是否兼顾了员工安全和对病原体的有效性？

（1）当使用消毒剂的时候，除了关注杀灭时间和消毒浓度对病原体的有效性，是否关注造成员工伤害的浓度？

（2）是否对员工进行了消毒培训？

（3）是否准备了足够数量的防护服？

示例3：食物消毒时是否优先考虑员工健康？

食物原材料的消毒一直是关注焦点，选择对员工健康安全的食物消毒剂应是首先需要考虑的问题。研究表明，室温下20g/L柠檬酸在30min内能有效杀灭非洲猪瘟病毒。在猪场实际应用中，我们发现20g/L柠檬酸对食物的保存时间和食物的风味影响较小。

示例4：是否特别关注女性安全？

尊重女性，关注女性的隐私保护。在员工入场通道中需要为女性开辟独立的洗浴通道。

二、强化职能分工和协作

以管理者为主导，与生产团队共同制订合理的可执行、可监控的生物安全程序，并分工协作。管理者需要从管理的思维出发解决生产中的健康问题，从专业角度引导和指导培训生产团队进行自我高效的生物安全管理，提高生产团队寻找生物安全漏洞的能力。但落实生物安全第一责任人是生产部门，在管理者的指导下，生产部门应对生物安全制度的执行进行自我优化和监督，对生物安全漏洞持零容忍态度。

示例：某天发现某洗车点的种猪车司机屡次违反生物安全程序，如未穿着公司要求的衣服或隔离服。作为一名管理者应该如何做呢？

（1）查看其他洗车点是否也有这样的问题。经过调查，若是普遍存在的问题，且已对此进行多次培训，可能原因是目前的人员配置和管理模式无法避免下一次问题的出现，当下暴露的问题很可能只是冰山一角。

（2）兽医应建议生产部门选择一名员工对洗车点的生物安全程序负责，并赋予其一票否决的权力，有权退回和拒绝某车辆和不配合的司机进入洗车点。

（3）选择一名非洗车点的第三方人员对其进行监控，并通过检查列表进行及时反馈。增加对该洗车点的巡检频率，并根据检查结果进行奖励和惩处。

三、加强生物安全管理监督

每个猪场由生产团队选派一名优秀员工兼职或全职作为该猪场的生物安全官。生物安全官由生产团队直接管理，但由兽医团队考核其绩效工资。生物安全官按照制订的工作流程和生物安全检查列表，每周对猪场进行全方位的检查，并执行生物安全周报、月报制度等。同时负责新入职员工和猪场内员工的生物安全培训。即在兽医团队的引导下，生产团队实现生物安全的自检。

第四节 生物安全体系的思考

非洲猪瘟传入我国之前，中国的养猪企业也曾受到高致病性猪蓝耳病、猪流行性腹泻和伪狂犬病等主要病毒疾病的侵袭，但通过国内外兽医从业人员的不懈努力，已形成了一套成熟的技术方案以增加猪只抵抗力，降低猪只易感性，减少疾病侵入猪场后的经济损失。

但自2018年非洲猪瘟病毒传入我国以来，病毒的持续变异造成的强毒株和弱毒株并存流行的现实，彻底打破了中国养猪生产者依赖疫苗进行疾病管理的局面。

非洲猪瘟死亡率高，没有有效的疫苗和药物进行预防和干预。其传入中国后，迅速扩散流行，给中国的养猪业造成了巨大的经济损失，给养猪从业者带来了沉重的打击。同时也暴露出了很多问题：

①中国目前的兽医治理体系不能有效地阻止外来疾病的大规模扩散。

②中国多数猪场的生物安全措施不足以防御病毒入侵。

③依赖疫苗的畜牧生产模式对新发疾病和外来疾病束手无策。

迫于当前严峻的形势，养猪企业家和管理者充分认识到疾病预防与控制的根本手段是建立生物安全体系。该体系包含两个方面：

①防御疾病于场门之外，远离猪群。

②在猪场内部进行生物安全管理，实现疾病的管理和控制。

这两个方面都要从传染源、传播途径和易感动物三个方面着手。

病原体是进化的，生物安全体系也需与时俱进，进行持续改进和提升，以确保对持续进化变异的病原微生物和未知病原微生物产生防护作用。

第二章

非洲猪瘟

非洲猪瘟（African swine fever，ASF）是由非洲猪瘟病毒（*African swine fever virus*，ASFV）感染家猪和野猪而引起的一种广泛出血性、高度接触性传染病，其特征是病程短，最急性型和急性型感染死亡率高达100%，是全球公认的养猪业第一杀手。世界动物卫生组织（OIE）将其列为必须通报动物疫病，我国将其列为一类动物疫病。非洲猪瘟疫苗的研制是世界性难题，截至目前，全球范围内无商业化非洲猪瘟疫苗可用，我国非洲猪瘟疫苗的研制尚处于临床前研究和转基因生物安全评价阶段。

第一节 概述

一、起源及分布

非洲猪瘟最早在1921年发现于非洲的肯尼亚，近乎导致猪群的完全死亡。在随后的几十年里，该病在非洲多个国家流行传播，这些国家至今仍为非洲猪瘟的主要疫区。该病于20世纪60年代传入欧洲，70年代传入南美洲。2007年以来，非洲猪瘟在全球多个国家和地区发生、扩散和流行。2017年3月，俄罗斯伊尔库茨克暴发非洲猪瘟疫情，发生地距我国边境约1000km。2018年以来，全球非洲猪瘟疫情蔓延形势十分严峻，已有近30个国家报告发生疫情。

2018年8月，我国首次发现非洲猪瘟病毒，与俄罗斯和东欧流行毒株属于同一分支。根据流行病学调查研究表明，非洲猪瘟病毒已于我国形成较大污染面，短期内根除非洲猪瘟异常艰难，防治非洲猪瘟将是一场旷日持久的阻击战。

二、危害

我国是生猪养殖大国，生猪的养殖量和存栏量均约占全球总量的1/2。由于非洲猪瘟病毒的高度传染性，一旦发生疫情，疫点内生猪须全部扑杀，且因环保政策收紧、市场信心不足、产业链不配套等多重因素叠加，导致养殖场户的补栏和能繁母猪存栏大幅下降，生猪存栏量锐减，对我国养猪业造成了巨大的经济损失及消极的社会影响。据农业农村部监测，2019年10月，全国生猪存栏量、能繁母猪存栏量分别同比下降41.4%、37.8%。此外，俗语讲：“粮猪安天下”，受传统饮食习惯影响，猪肉是我国居民蛋白质供应的主要来源。因疫情导致的猪肉市场的供需严重不平衡，导致国内猪肉市场价格大幅上涨。据国家统计局数据显示，2019年11月，猪肉价格同比上涨超110%，影响居民消费价格指数（CPI）上涨约2.64%，成为推动CPI同比涨幅扩大的主要因素。

三、国内外防控现状

（一）国外防控经验

在国际上，西班牙与巴西均暴发过非洲猪瘟疫情。两国通过采取一系列有效的防控措施，成功根除了非洲猪瘟，为其他国家非洲猪瘟防控积累了丰富的经验。西班牙非洲猪瘟疫情从暴发到根除历时36年，而巴西仅用了7年时间，其关键措施主要为监测猪群、剔除非洲猪瘟暴发点、提高猪场生物安全措施、限制猪群移动、禁止餐厨废弃物饲喂猪只等。而俄罗斯应对非洲猪瘟的做法则是该病防控的反面教材，至今尚未得到有效控制。其防控难点主要为猪肉制品非法调运、使用未加工处理的餐厨废弃物喂猪、生物安全防护水平低、养殖场户私自处理病猪等导致病毒大量存在并扩散。

（二）国内防控现状

我国自发生非洲猪瘟疫情以来，主要从加强养猪场（户）防疫监管、加强餐厨废弃物管理、规范生猪产地检疫管理、加强生猪及生猪产品调运管理、加强生猪屠宰监管、加强生猪产品加工经营环节监管、加强区域化和进出境管理、加强动物防疫体系建设、加强动物防疫责任落实等方面开展了防控工作，取得了阶段性进展和实效，受到了联合国粮农组织（FAO）和世界动物卫生组织（OIE）的一致认可，认为中国疫情公开透明、措施果断有力，可以向美洲、亚洲等国家分享防控经验、技术及措施，以提高全球的非洲猪瘟防控能力。但2021年科技文献显示，该病在国内的流行情况出现了新变化，主要是出现死亡率低、临床症状不典型、分离到无红细胞吸附活性的变异株。鉴于该类毒株的出现，未来非洲猪瘟流行可能将呈现更加复杂的变化，“非典型非洲猪瘟”的案例可能会逐渐增多并进一步在部分区域流行散发，为该病的防控带来一定的困难。

第二节 病原学与流行病学

一、病原学

非洲猪瘟病毒为非洲猪瘟病毒科（Asfarviridae）非洲猪瘟病毒属（*Asfivirus*）的唯一成员。

（一）形态结构

非洲猪瘟病毒呈现复杂的二十面体结构，由内到外分别是基因组、核心壳层、双层内膜、衣壳和外膜。病毒粒子平均直径为260～300nm。

（二）基因组及结构蛋白

1. 基因组

非洲猪瘟病毒基因组为线性双链脱氧核糖核酸（DNA）分子，大小在170～193kb，有150～167个开放阅读框，可编码150～200种蛋白质。非洲猪瘟病毒基因组庞大，可随意缺失或获得重复序列。通常认为非洲猪瘟病毒仅有一个血清型，但基于红细胞吸附抑制试验（HAI）可将32个毒株分成8个血清组。非洲猪瘟病毒具有高度抗原多样性，感染后的猪很难获得对异源毒株的保护力。临床中出现的变异株，均是在CD2v功能区发生基因丢失，导致其无红细胞吸附活性。

2. 结构蛋白

非洲猪瘟病毒目前已经明确的编码蛋白约50个，可以分为：

（1）病毒主要结构蛋白p72、p30、p54等常作为抗原蛋白，用于非洲猪瘟血清学诊断。p72蛋白序列高度保守，抗原性非常稳定，因此常用于建立血清学检测方法和核酸检测方法，如实时荧光定量聚合酶链式反应（PCR）和环介导等温扩增（LAMP）等。CD2v可用于建立核酸检测方法，由于其具有良好的免疫原性，也可以用于非洲猪瘟病毒亚单位疫苗研发的抗原蛋白。

（2）病毒装配相关蛋白质　主要是pB602L。

（3）核酸新陈代谢、DNA复制和修复、信使核糖核酸（mRNA）转录和加工等所需的酶及因子　dUTPase、UBC酶、DNA聚合酶、AP核酸内切酶、pS273R等。

（4）调节宿主细胞功能的蛋白质　pA238L、p54、IAP及Bcl-2样凋亡抑制因子、ICP34.5、MGF360和MGF530、pEP153R等。

（5）与病毒免疫逃避相关的蛋白质　pK205R、MGF360和MGF530等。

（三）理化特性

得益于病毒外围的囊膜，非洲猪瘟病毒粒子非常稳定，自然状态下的病毒存活时间较长。对温度、pH、消毒剂等抵抗力情况见表2–1。

表2–1　非洲猪瘟病毒对理化作用的抵抗力

理化指标	抵抗力
温度	对低温有很强的抵抗力。在56℃需要70min，60℃需要20min才能将病毒灭活
pH	在无血清的培养基中，pH<3.9或pH>11.5才能灭活病毒。血清可以增加病毒的抵抗力，如在pH 13.4条件下，没有血清时病毒可以存活到21h，有血清时病毒可以存活到7d
化学成分/消毒剂	对乙醚和氯仿敏感，8g/L氢氧化钠30min、含23g/L有效氯的次氯酸盐30min、0.3%福尔马林30min、30g/L邻苯基苯酚30min和碘化合物都可以灭活病毒
存活力	能在血液、粪便和组织中存活很久，特别是生肉或没有全熟的肉制品；能在载体里增殖（如钝缘蜱）

资料来源：世界动物卫生组织（OIE）非洲猪瘟技术卡，2009。

二、流行病学

（一）传染源

发病猪、带毒猪（康复猪和隐性感染猪）是非洲猪瘟的主要传染源，其中康复猪和隐性感染猪可终生带毒。病猪的组织、体液、分泌物和排泄物中均含有病毒，未经充分处理的病死猪及被污染的猪肉、猪肉制品等为非洲猪瘟的重要传染源。另外，被污染的饲料、泔水、饮用水、圈舍、车辆、器具、衣物等也可成为传染源。

（二）易感动物

几乎所有猪科动物对非洲猪瘟都易感，其中高度易感的家猪和欧洲野猪可表现出明显的临床症状；非洲野生猪科动物（如疣猪、巨林猪等）是非洲猪瘟的无症状携带者，同时是病毒主要的贮藏宿主。该病毒也可感染昆虫，其中钝缘蜱作为非洲猪瘟病毒的天然宿主，可通过叮咬病猪后终生带毒。

（三）传播途径

非洲猪瘟的主要传播方式是直接和间接接触传播。在我国，非洲猪瘟可能的传播途径主要通过间接形式实现，如人类贸易活动的增加、未能妥善处理的感染猪制品及全球化的实现，均对非洲猪瘟的传播有一定的推动作用。在非洲，钝缘蜱等生物媒介的叮咬是重要的传播途径。目前，我国关于钝缘蜱的研究相对薄弱，这类昆虫主要集中于西北部的新疆、陕西等干燥的荒漠地区，而多雨、湿润的地区尚无报道。在我国已知的2种钝缘蜱中，左氏钝缘蜱可能是非洲猪瘟病毒的潜在媒介。

此外，非洲猪瘟病毒的传播方式复杂多样，目前主要存在以下4种，即疣猪-软蜱丛林传播循环、蜱-猪循环、家猪循环和野猪-栖息地循环。在我国，猪肉作为生活主要肉类来源，需求量极大，但饲养卫生及生猪贸易生物安全措施的欠缺，可能成为非洲猪瘟在地方扩散的原因之一；其次是野猪-栖息地的循环传播，主要包括患病与未患病野猪之间的直接传播，以及健康野猪与被污染的栖息地之间的间接传播。

第三节 临床症状及剖检变化

一、临床症状

非洲猪瘟病毒感染的临床症状（图2-1）取决于病毒致病力、暴露途径、猪的品种、感染剂量和该地区的流行状况等多种因素。非洲猪瘟的临床表现有一定差异，按症状和病程可分为最急性型、急性型、亚急性型和慢性型。

图2-1　非洲猪瘟的临床症状：发烧、扎堆、血便

资料来源：中国动物疫病预防控制中心。

最急性型：无明显临床症状，突然死亡。

急性型：可见下述症状的几种或全部。猪群由于猪只体温升高，聚集在一起取暖。猪只体温可高达42℃，沉郁，厌食，耳、四肢、腹部皮肤有出血点，可视黏膜潮红、发绀。眼、鼻有黏液脓性分泌物；呕吐；便秘，粪便表面有血液和黏液覆盖；或腹泻，粪便带血。共济失调或步态僵直，呼吸困难，病程延长则出现其他神经症状。妊娠母猪流产。病死率高达100%。病程4～10d。

亚急性型：症状与急性型相同，但病情较轻，病死率较低。体温波动无规律，一般高于40.5℃。仔猪病死率较高。病程5～30d。

慢性型：波状热，呼吸困难，湿咳；消瘦或发育迟缓，体弱，毛色暗淡；关节肿胀；皮肤溃疡。死亡率低。病程2～15个月。

此外，对于感染非洲猪瘟变异株的生猪，与传统的流行毒株相比，其潜伏期延长，临床症状不典型，猪群发病晚，后期可出现关节肿胀、皮肤出血性坏死灶；感染母猪产仔能力下降、死淘率增高，出现流产、死胎、木乃伊胎等。生猪感染该类毒株后排毒滴度低，呈间隙性排毒，早期难以发现。

二、剖检变化

最急性型：无特征性剖检病变。

急性型：剖检症状（图2–2），最典型的是脾脏肿大，可达2～6倍，其他内脏器官出现出血症状。淋巴结水肿、肥大和完全出血性淋巴结（特别是胃肠道和肾脏）；脾脏肿大，易碎，深红色至黑色，边缘圆润；肾脏瘀斑（斑点状出血）；心脏中液体过多（心包中带有黄色液体），胸腔积液，腹水；心脏表面、膀胱和肾脏上有瘀点；肺部可能出现充血和瘀点，气管和支气管有泡沫，肺泡和间质性肺水肿严重；胃、小肠和大肠中有瘀点、瘀斑（较大的出血）、多余的凝血；肝脏充血和胆囊出血。

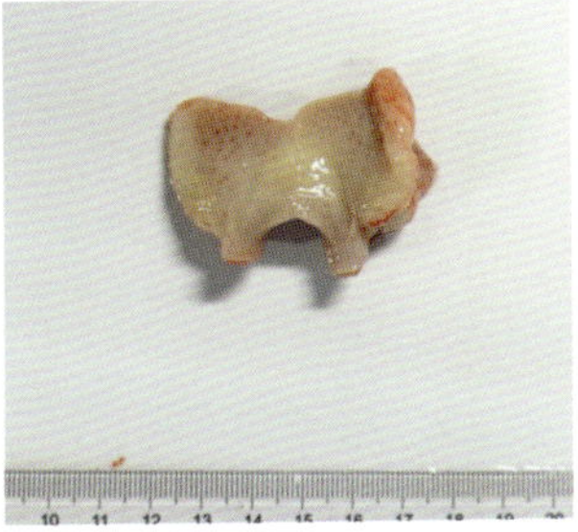

（1）扁桃体肿大、出血点

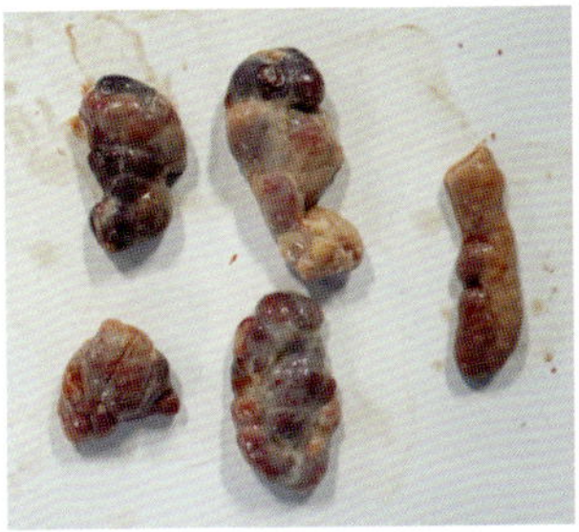

（2）淋巴结肿大、出血

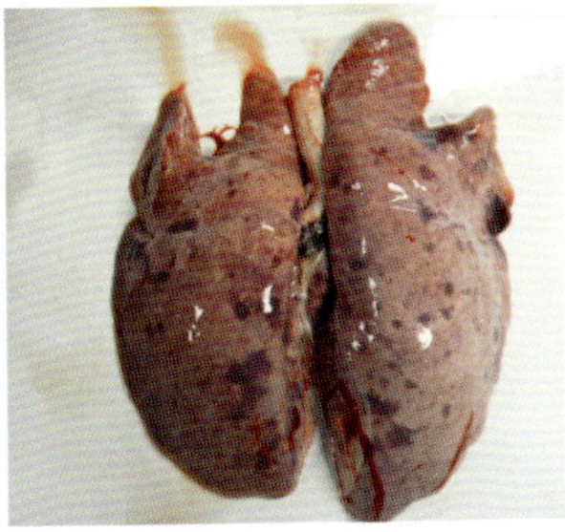

（3）肺脏肿大、坏死

（4）肝脏肿大、发黑

（5）脾脏肿大、发黑

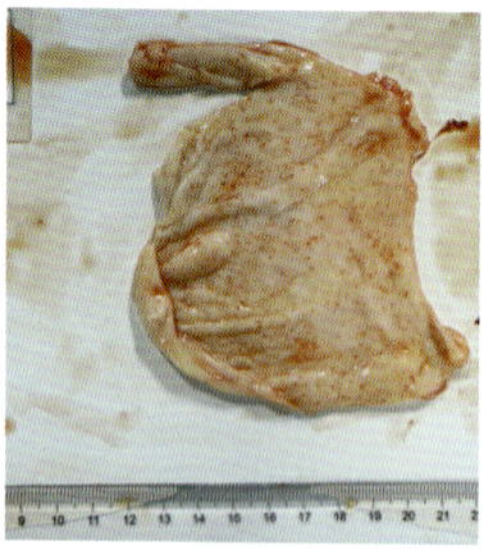

（6）膀胱出血点

（7）肾脏肿大、表面出血点

（8）肠系膜和肠道出血

图2-2　非洲猪瘟的剖检病变

资料来源：中国动物疫病预防控制中心。

亚急性型：症状与急性型类似。剖检病变主要为腹水和心包积液；胆管壁和胆囊壁以及肾脏周围区域水肿（肾周水肿）；部分充血性脾肿大伴局灶性梗死；出血性、水肿性和易碎的淋巴结；与急性型相比，肾出血更强烈、更广泛。

慢性型：以呼吸道、淋巴结和脾脏的眼观和组织学病变为主要特征，包括纤维素性心包炎和胸膜炎、胸膜粘连、肺炎和淋巴网状组织增生肥大。

三、鉴别诊断

非洲猪瘟与猪瘟的临床症状和病变都很相似，以高热和出血性病变为主要特征，需要以实验室检测进行鉴别诊断。

第四节　实验室诊断

目前非洲猪瘟尚无有效疫苗可用，为防止传播，需依赖严格的生物安全控制措施和快速、可靠的早期诊断技术（表2-2）。

表2-2　非洲猪瘟实验室诊断技术标准及生物安全要求

实验室诊断标准		检测方法	实验活动所需实验室生物安全级别
国际标准	OIE《陆生动物诊断试验和疫苗手册》（第7版）“2.8.1 非洲猪瘟”	病原鉴定采用病毒分离、FAT、PCR等方法，抗体检测采用IFA、ELISA、免疫印迹试验等方法	病原分离培养：BSL-3； 动物感染实验：ABSL-3； 未经培养的感染性材料实验：BSL-3（实验的感染性材料的处理要在Ⅱ级生物安全柜中进行）； 灭活材料实验：BSL-3
国内标准	《非洲猪瘟诊断技术》（GB/T 18648—2020）	PCR、荧光PCR、荧光RAA、高敏荧光免疫分析法、夹心ELISA、间接ELISA、阻断ELISA、夹心ELISA、间接免疫荧光方法	
	《非洲猪瘟检疫技术规范》（SN/T 1559—2010）	红细胞吸附试验、荧光抗体试验、ELISA、荧光PCR、间接荧光抗体试验和免疫印迹试验	

注：FAT：病毒荧光抗体试验；
PCR：聚合酶链式反应；
IFA：间接荧光抗体试验；
ELISA：酶联免疫吸附试验；
荧光PCR：荧光定量聚合酶链式反应；
荧光RAA：荧光重组酶介导等温核酸扩增。

第五节　综合防控措施

猪场生物安全管理是生猪养殖安全管理的重要环节，是猪场动物疫病预防和控制的基础。我国发生非洲猪瘟疫情后，生猪产业受到重大影响，而生猪养殖生物安全水平薄弱是疫情快速蔓延的主要原因之一。据统计，我国40%以上的非洲猪瘟疫情是由车辆或人员等携带病毒传播引起的，人员、车辆也是生猪养殖环节的主要生物安全要素。因此，在当前非洲猪瘟防控与复产保供“两手抓”的关键时期，良好的生物安全水平是生猪健康养殖的重要保障。

一、制订生物安全计划

聘请相关专家根据猪场猪群疾病的流行情况、传播途径、控制方法以及疫情传入和暴发的潜在风险等制订适应本猪场的生物安全计划，并在实际生产中根据本场猪群的健康状况进行适时调整。

二、规范猪群管理

（一）猪群引进

猪场在购买母猪和公猪时，要从有遗传改良计划和健全的疾病控制（生物安全）计划的猪场购买。购买时，应了解预购入种猪的健康情况，包括引进种猪的疾病状况、疫病检测情况、疫苗接种情况以及饲料或饮水中使用哪些药物等。

（二）隔离

引入受感染的生猪是病原体进入猪群的最大风险因素，感染猪和易感猪的直接接触是疫病传播最直接的途径，因此隔离新引入猪群可有效防止疫病传播。应为隔离猪群提供干净、干燥、舒适的生活环境，防止与任何其他猪、家畜和野生动物直接接触；隔离舍应有自己的粪便处理设施，避免通过粪便储存和排放造成疫病传播；隔离舍应有清洁的饮水，应有独立的空间、水源和饲料；隔离舍要有专人看管，且该人员只能在隔离舍工作，其使用的工具不能带出隔离区；隔离生猪要全进全出，混群前要对其进行清洗、消毒；猪群转移后，要对隔离舍全面清洗（包括清理饲料）、消毒，晾干和空置。生猪最佳隔离时间为30d以上；每日要密切观察所有隔离猪的健康情况，并在隔离14d、30d和混群前各进行一次采血检测，检测合格后方可混群饲养。因为非洲猪瘟的风险和评估，可能检测会更频繁一些。一般来说，低风险猪群建议检测频率低一些，而高风险猪群频率高一些。

（三）日常健康管理

实施猪群健康计划，结合猪场情况，制订免疫计划；应每天监测所有猪的健康状况，发现任何发病迹象立即向猪场兽医报告；所有患病猪只应立即全部接受治疗，并将其转移到特定区域。

三、严格精液购买

人工授精是将新基因引入猪群的最简单方法，但因公猪精液中含有许多潜在的病原体，可能发生潜在的生物安全风险。购买精液前，要了解提供精液公猪群的健康状况、所在养殖场采取的生物安全措施等。此外，还应注意所有精液包装（袋子、泡沫塑料冷却器等）禁止带入场内；精液应多层包装，以避免快递途中发生潜在污染，并采用逐层脱包装法，一层一消毒，分步骤进入生产区，避免潜在病原体传入。

四、强化人员管理

（一）参观人员

在猪场入口处应使用通信系统提示访客到达；张贴生物安全或相关信息标识，提示参观人员了解生物安全信息的重要性。场内动物圈舍的门上要张贴限制进入的通知。参观人员要经猪场批准后方能入场；进场前必须登记，并了解猪场生物安全程序和政策；确保最近一次接触猪后，已洗澡、换衣服；在过去7～10d内未有海外旅行史，没有发热或类似流感症状；进场前，要彻底洗手或洗澡，换上猪场提供的衣服和靴子；离开更衣区进入猪场之前，要对靴子进行消毒。猪场要有专门的区分场外和场内衣物的区域，以及收集访客衣服物品的容器。

（二）员工

在猪场工作的每位员工必须遵守生物安全措施。原则上员工不允许接触其他猪群，如出现流感样症状，则不能上班。如果与其他养猪场或猪群有过接触，员工重新进入猪场前要进行隔离；进入生产区前要淋浴，换上猪场提供的衣服和靴子等。猪场应制订培训计划，让员工学习并监督其严格遵守生物安全规则。

五、加强车辆及工具管理

当含有病原体的粪便附着在轮胎或车架上时，车辆可能成为传播病原体的媒介。对生猪运输车辆进行适当清洗和消毒，是防止疾病传入猪场的有效方法之一。访客、猪场顾问、员工和场主的车辆应停在猪场外；商业饲料运输车辆和牲畜转运车辆尽可能远离猪群和猪舍。猪场应有指定的车辆清洗场所，最好建有场外装猪设施，车辆在装猪前要进行清洗、消毒和烘干。只有完全属于猪场或受猪场控制的车辆和器械才能在猪场内使用；猪场自己的专用运输车辆，每次运输后都要清洗、消毒并干燥；租用的外来车辆装猪后，要经清洁、消毒并隔离一段时间后才能再次运猪；在车辆进入场区前和装猪前，猪场负责人要检查车辆的卫生情况；任何设备在进入和离开猪场前都必须彻底清洁和消毒。

六、严格生物媒介控制

啮齿类动物、害虫、野兽以及飞鸟等生物媒介可传播多种猪病，制订生物媒介控制方案是防范疫病传入的重要措施，包括：妥善维护猪场围栏等设施设备，以防止野生动物进入；控制生产区内及周围植被生长，以保持猪场的清洁整齐；及时清除垃圾、杂物、溢出饲料、动物尸体以及积水等。

七、加强建筑物、环境卫生管理

猪场建筑物、谷仓、设备应定期清洁和消毒。在进猪之前，要对猪舍天花板、墙壁、地板和设备进行清洁和消毒，消毒后要晾干。场内垃圾应及时清除，如果使用垃圾收集服务，则应将垃圾容器放置在猪场外围，尽可能远离猪只。要定期清洗衣服、靴子，避免疫病通过衣服、靴子传播。

八、严格饲料管理

袋装饲料进场前，需对外包装进行消毒，并在指定区域存放，包装破损的不得进场；自配饲料的，应从信誉良好、具有质量保证体系的供应商处购买饲料原料。

九、规范粪便和废物处理

许多致病微生物和寄生虫，可以通过粪便或尿液直接或间接传播。猪场应有专门收集、储存和处理粪便的设施设备，安装堆肥设施，防止粪便污染环境；使用单独的铲、叉等工具处理粪便和饲料；防止猪只靠近储存的粪便，特别是仔猪；防止大猪的粪便流入仔猪饲养区或污染仔猪饲料。

十、规范食物、厨房管理

禁止任何来自外部的猪肉和猪肉制品进入猪场。选择经过精心筛选的供应商采购其他肉类食品，最大限度地避免污染的存在。蔬菜，水果等要使用专用车辆拉到厂门外，经过清洗，消毒的程序后才能进入厨房。清除污物后，使用20g/L的柠檬酸进行清洗，清洗后静置10min以上使用。猪场内的厨房应被视为脏区，须定期消毒，严格管控，避免厨师，厨房工具和养殖人员接触，也要禁止养殖人员进入厨房。

十一、加强猪场自检

非洲猪瘟高致病性毒株传入我国后，很多企业具备了检测和清除的能力。随着变异毒株和基因缺失毒株的出现，特别是弱毒株，潜伏期延长，临床症状不明显，给早期检测带来了很大的挑战。因此，猪场应建立自检机制，开展主动监测，及时发现潜在风险。采样时，监测面应覆盖配怀、产房、保育和育肥等所有栋舍。

十二、禁止使用非法疫苗

2020年，中国农业科学院哈尔滨兽医研究所国家非洲猪瘟专业实验室开展非洲猪瘟流行病学监测及病原学研究中发现，我国部分省区出现了低致死率的非洲猪瘟基因Ⅱ型自然变异流行株，有报道称其为疫苗株导致。目前，世界上还没有经过验证为安全有效并获得批准的非洲猪瘟疫苗，历史上虽尝试过使用弱毒活疫苗免疫，但安全性和有效性方面存在很多不足。因此，现阶段，猪场非洲猪瘟防控还应该从生物安全角度出发，禁止使用非法疫苗，避免其为我国养猪业带来危害。

第三章

猪瘟

猪瘟（classical swine fever，CSF）是一种由猪瘟病毒（*Classical swine fever virus*，CSFV）引起的急性、热性和高度接触传染的病毒性传染病，猪（包括家猪和野猪）是猪瘟病毒唯一的自然宿主，被世界动物卫生组织（OIE）列入必须通报疫病名录，我国则将其列为一类动物传染病。

第一节 概述

一、起源及分布

19世纪早期就有关于猪瘟临床暴发的报道，1903年其被认定为病毒病。猪瘟病毒流行于欧洲东部、亚洲东南部、美国中部及美国南部，几乎遍布世界各地，从发现至今已有约180年历史。尽管欧洲中部地区已从家猪中将猪瘟病毒根除，但猪瘟病毒仍然在某些野猪群中流行，所以，靠近感染猪瘟病毒野猪群的猪场有被重新感染的风险。

猪瘟在我国何时开始流行没有明确记载，据1935年猪瘟流行病学调查报告，当时我国绝大部分省区都有猪瘟发生，造成经济损失十分严重。

二、危害

猪瘟以发病急、高热稽留和细小血管壁变性为主要特征，具有高发病率、高死亡率的特点，自然感染潜伏期为5 ~ 7d，短的2d，长的21d，是严重危害养猪业的重要传染病之一，给全世界养猪业带来了巨大的经济损失。

我国是生猪养殖与消费大国，生猪饲养量占全球比例接近70%，猪肉消费占国内肉类消费60%。猪瘟等动物疫病一直是阻碍我国养猪业健康发展的重要因素，每年造成直接经济损失达百亿元。

三、国内外防控现状

（一）国外防控经验

在澳大利亚、新西兰、北美及西欧地区的家猪群中没有猪瘟。美国、智利及乌拉圭已宣布根除猪瘟。阿根廷从1999年就再没有暴发过猪瘟，并在2004年4月停止使用猪瘟疫苗。

加拿大于1963年宣布彻底根除猪瘟。美国于1961年开始实施严格清除计划，直到1976年将猪瘟消灭，并宣布为猪瘟无疫国家。美加两国能够顺利消灭猪瘟并能保持猪瘟无疫状态，这完全得益于两国对进口动物及动物产品的严格控制，通过对进口猪肉产品实施有效检疫控制措施，使得周围国家的猪瘟难以进入美加两国。

（二）国内防控现状

在我国，目前仍然需要通过疫苗免疫来控制猪瘟暴发。著名的中国“C株”（猪瘟兔化弱毒株）疫苗使用效果好，能够产生较强的保护力，是市场上比较常用的疫苗。

第二节 病原学与流行病学

一、病原学

猪瘟病毒是黄病毒科（Flaviviridae）瘟病毒属（*Pestivirus*）的一个成员。病毒粒子直径40～50nm，基因组为单股RNA，长约12kb。病毒囊膜有55ku和46ku两种糖蛋白，核衣壳则为36ku蛋白质构成。猪瘟病毒与同属的牛病毒性腹泻病毒（BVDV）之间，基因组序列具有高度同源性，抗原关系密切，既有血清学交叉反应，又有交叉保护作用。

猪瘟病毒不同毒株间存在显著抗原差异，根据对单抗的反应可将猪瘟病毒分为两大抗原群，但未发现抗原群与毒力之间的关系。不过易被牛病毒性腹泻病毒抗体中和的野毒株，毒力都比较弱。国内外都已研制出只与猪瘟病毒毒株而不与牛病毒性腹泻病毒毒株反应的单抗，以及只与猪瘟病毒疫苗弱毒株（C系）反应不与猪瘟病毒其他毒株反应的单抗，成为猪瘟病毒毒株鉴定的有力工具。

目前仍认为猪瘟病毒为单一血清型，尽管分离不少变异性毒株，但都是属于一个血清型，所以猪瘟病毒只有毒力强弱之分。猪瘟病毒野毒株毒力差异很大。强毒株引起死亡率高的急性型猪瘟，中毒株一般是产生亚急性型或慢性型感染。胎儿感染低毒力猪瘟病毒可引起轻微症状或亚临床感染，但胚胎感染或初生猪感染可导致死亡。中毒株感染的后果部分取决于年龄、免疫能力和营养状况等宿主因素，而强毒或低毒猪瘟病毒感染，宿主因素仅起很小作用。还有一种无毒力株，能引起高度病毒血症，临床上不表现任何症状，但能引起持续感染。部分猪瘟病毒毒力性状不稳定，通过猪体一代或多代后可致毒力增强。

猪瘟病毒对环境的抵抗力不强，但存活的时间取决于含毒的介质。60℃作用10min可使细胞培养液失去传染性，而脱纤血中的病毒在68℃作用30min尚不能灭活。含毒的猪肉和猪肉制品几个月后仍有传染性，有重要的流行病学意义。在猪粪便中猪瘟病毒于20℃可存活2周，4℃可存活6周以上。乙醚、氯仿和去氧胆酸盐等脂溶剂可很快使病毒失活。20g/L氢氧化钠是最有效的消毒剂。

二、流行病学

（一）传染源

病猪和带毒猪是最主要的传染源。感染猪在发病前即可从口、鼻及泪腺分泌物、尿和粪中排毒，并延续整个病程。康复猪在出现特异抗体后停止排毒。强毒株感染在10~20d内大量排出病毒，而低毒株感染后排毒期短。强毒在猪群中传播快，造成的发病率高。慢性的感染猪不断排毒或间歇排毒。

当猪瘟病毒低毒株感染妊娠母猪时，起初常不被觉察，但病毒可侵袭子宫中的胎儿，造成死胎或出生后不久即死去的弱仔，分娩时排出大量猪瘟病毒。如果这种先天感染的仔猪在出生时正常，并保持健康几个月，它们可作为病毒散布的持续感染源而很难辨认。因此，这种持续的先天性感染对猪瘟的流行病学具有极其重要的意义。

（二）易感动物

猪是本病唯一的自然宿主。

（三）传播途径

易感猪与病猪的直接接触是病毒传播的主要方式。猪群引进外表健康的感染猪是猪瘟暴发最常见的原因。病毒可通过猪肉和猪肉制品传播到其他地方。未经煮沸消毒的含毒残羹是重要的感染媒介。人和其他动物也能机械地传播病毒。猪瘟病毒可在野猪群中形成感染循环，在部分国家和地区是对家猪的严重威胁。在自然条件下，猪瘟病毒的感染途径是口鼻腔，间或通过结膜、生殖道黏膜或皮肤擦伤进入。经口和注射感染后，病毒复制的主要部位是扁桃体，然后经淋巴管进入淋巴结，继续增殖，随即到达外周血液，并在脾、骨髓、内脏淋巴结和小肠的淋巴组织繁殖到高滴度，导致高水平的病毒血症。

本病一年四季均可发生，一般以春、秋季较为严重。急性暴发时，先是几头猪发病，往往突然死亡。继而病猪数量不断增多，多数猪呈急性经过和死亡，3周后逐渐趋向低潮，病猪多呈亚急性型或慢性型，如无继发感染，少数慢性病猪在1个月左右恢复或死亡，流行终止。近年来，猪瘟流行发生了一些变化，出现非典型猪瘟、温和型猪瘟，以散发性流行。发病特点临床症状轻或不明显，死亡率低，病理变化无特征性，必须依赖实验室诊断才能确诊。

第三节 临床症状及剖检变化

一、临床症状

根据临床症状和特征，猪瘟（CSF）可分为急性型、慢性型和迟发型3种类型。

急性型猪瘟呈现出和急性型非洲猪瘟几乎相同的临床症状和死后病变，并且死亡率高。临床症状包括高热稽留（40～41℃）、嗜睡、挤堆［图3-1（1）］、迟钝、虚弱、共济失调、呼吸困难、咳嗽等。开始时，猪群内仅几只显示临床症状，表现呆滞，被驱赶时站立一旁，呈弓背或怕冷状，或低头垂尾，同时食欲减少，进而停食。病猪体温升高至41℃左右，高的可达42℃以上。病猪有眼结膜炎，两眼有多量黏液-脓性分泌物，严重时眼睑完全被封［图3-1（2）］。病初的皮肤充血或遍布出血点［图3-1（3）］，后期变为紫绀或出血，尤以肢体末端（耳、尾、四肢、腹部、大腿内侧及口鼻部）最显著。先短暂便秘，排球状带黏液（脓血或假膜碎片）粪块；后腹泻排灰黄色稀粪，或便秘和腹泻交替出现。少数病猪可发生惊厥，常在几小时内或在几天内死亡。随着病程的发展，群内更多的猪发病，最初的病猪出现步态不稳等衰弱症状，随后通常发生后肢麻痹。急性型猪瘟大多数病猪在感染后10～20d死亡，仔猪病死率可达100%。

慢性型猪瘟的病程可分为3期。早期即急性期，有食欲不振、精神萎靡、体温升高和白细胞减少等症状。几周后食欲和一般状况显著改善，体温降至正常或略高于正常，但仍有白细胞减少，此时为第二期。后期病猪重现食欲不振、精神委顿症

（1）病猪扎堆

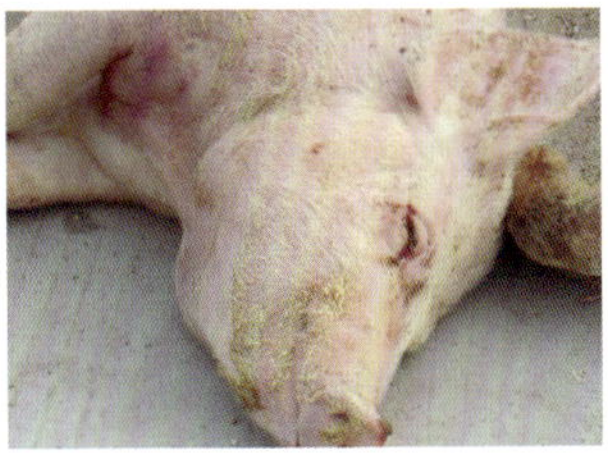

（2）结膜炎

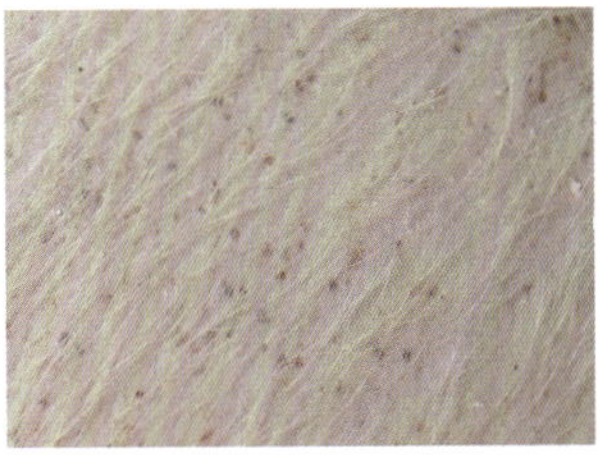

（3）皮肤出血点

图3-1　猪瘟的临床症状

供图：何伟勇。

状，体温再次升高直至临死前不久才下降。病猪生长迟缓，常有皮肤损伤。慢性型猪瘟病猪可存活100d以上。

迟发型猪瘟是先天感染猪瘟病毒的结果，是典型的免疫耐受现象。感染猪出生后几个月可表现正常，随后发生轻度食欲不振、精神沉郁、结膜炎、皮炎、下痢和运动失调。病猪体温正常，大多数能存活6个月以上，最终死亡。

二、剖检变化

最常出现病变的部位是淋巴结和肾脏。淋巴结水肿、出血，呈大理石样或红黑色外观［图3-2（1）］。肾脏的出血差异很大，从小到很难发现的针尖状到大的出血斑。出血部位以皮质表面最常见，并常见扁桃体出血［图3-2（2）］。而猪瘟最有诊断意义的病变是脾脏梗死，它由毛细血管栓塞所致，稍高于周围的表面，以边缘多见，呈紫黑色［图3-2（3）］。

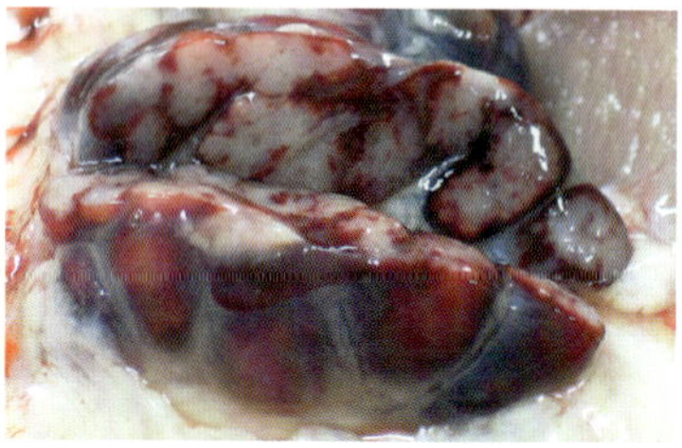
（1）淋巴结大理石样病变

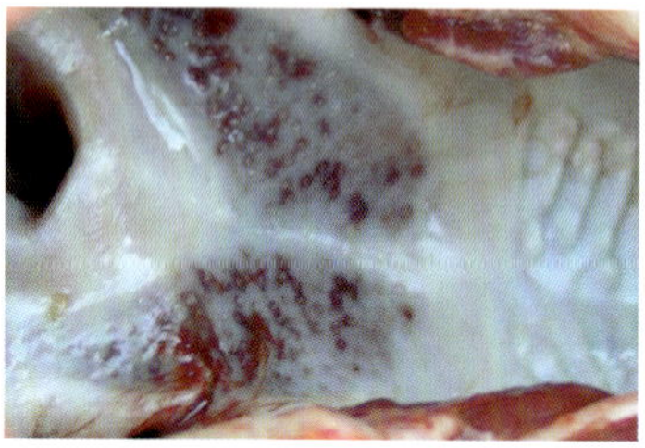
（2）扁桃体出血

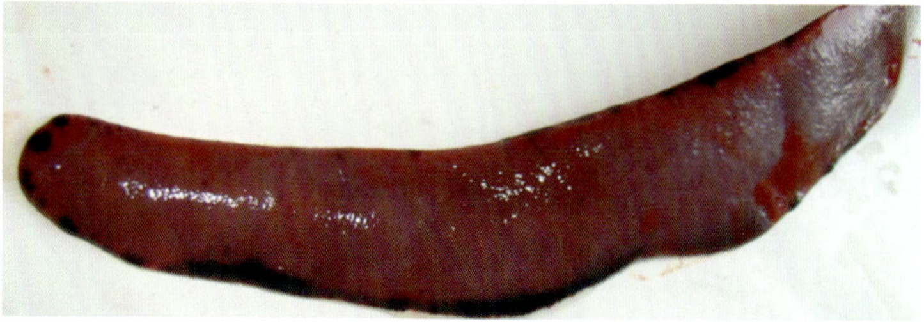
（3）脾脏出血性梗死

图3-2　猪瘟的剖检病变
供图：何伟勇。

三、鉴别诊断

猪瘟的体温升高、局部皮肤出现红斑、可见黏膜出血、食欲废绝、喜卧等临床症状，与非洲猪瘟、猪丹毒、猪肺疫、猪副伤寒等病有着相同之处，须依靠实验室检测才能鉴别。

第四节　实验室诊断

实验室诊断猪瘟的方法主要针对病毒检测，病毒核酸或病毒抗体检测，以及特异性抗体检测。

在国际贸易中，制订诊断方法为过氧化物酶联中和试验（NPLA）、荧光抗体病毒中和试验（FAVN）和酶联免疫吸附试验（ELISA），无替代诊断方法。

企业自有实验室可根据自身能力配备血清学检测、分子生物学检测条件，现在防疫系统常用的实验室检测方法有ELISA、荧光定量PCR检测试验，各实验室可结合企业疫苗使用情况，选择适合的检测方法。

如有检测阳性结果，必须报送当地兽医主管部门实验室复诊。如企业没有自检实验室，也可将可疑临床样本送至当地官方兽医实验室或有资质的第三方兽医检测实验室确诊。

猪瘟相关国际国内标准及所含检测方法见表3-1。

表3-1　猪瘟实验室诊断技术标准及生物安全要求

<table>
<tr><th colspan="2">实验室诊断标准</th><th>标准所含检测方法</th><th>实验活动所需实验室生物安全级别</th></tr>
<tr><td>国际标准</td><td>OIE《陆生动物诊断试验和疫苗手册》(第7版)“2.8.3 古典猪瘟(猪瘟)”</td><td>FAT、应用单克隆抗体的免疫过氧化物酶试验、抗原捕获ELISA、病毒分离与鉴定、RT-PCR、NPLA、FAVN、竞争/阻断/间接ELISA</td><td rowspan="6">病原分离培养：BSL-3；
动物感染实验：ABSL-3；
未经培养的感染性材料实验：BSL-2；
灭活材料实验：BSL-2</td></tr>
<tr><td rowspan="5">国内标准</td><td>《猪瘟诊断技术》(GB/T 16551—2020)</td><td>FAT、IPT、病毒分离与鉴定、RT-PCR、荧光RT-PCR、中和试验、阻断ELISA、间接ELISA、化学发光抗体检测</td></tr>
<tr><td>《猪瘟病毒实时荧光RT-PCR检测方法》(GB/T 27540—2011)</td><td>荧光RT-PCR</td></tr>
<tr><td>《猪瘟病毒阻断ELISA抗体检测方法》(GB/T 34729—2017)</td><td>阻断ELISA</td></tr>
<tr><td>《猪瘟病毒RT-nPCR检测方法》(GB/T 36875—2018)</td><td>RT-PCR</td></tr>
<tr><td>《猪瘟抗体间接ELISA检测方法》(GB/T 35906—2018)</td><td>间接ELISA</td></tr>
</table>

注：RT-PCR：反转录-聚合酶链式反应；

IPT：间接免疫过氧化物酶试验；

RT-nPCR：反转录-巢式聚合酶链式反应。

第五节 综合防控措施

猪瘟病毒在世界各国广泛存在。虽然有的国家宣布净化了猪瘟，但是再次入侵的风险仍然很大。

猪瘟与非洲猪瘟引起的临床症状与病理变化极其相似。根据巴西防控非洲猪瘟的经验，其通过大规模的接种猪瘟疫苗，以鉴别两者的诊断。因此，做好非洲猪瘟的防控有利于猪瘟的净化，做好猪瘟的免疫和防控则有利于非洲猪瘟的诊断与防控。加之目前非洲猪瘟没有有效的疫苗和治疗措施，在此背景下，更加凸显了生物安全以及猪瘟控制和净化的重要性。

猪瘟病毒在国内尚未根除和净化。加强生物安全措施、实施疫苗免疫是本病防控的主要策略。随着猪瘟疫苗普遍免疫，国内大环境较为稳定，但散发依然存在。部分养殖场（尤其是小型养殖场）依然存在病毒污染，并与其他猪病混合感染。所以，有病毒存在的猪群和猪场，以及可能的污染给其他猪场造成了一定程度的威胁。

一、生物安全

良好的生物安全措施可以切断病原体的流通，从源头上控制猪瘟的暴发。猪瘟只感染猪，有报道显示，欧洲大部分家猪暴发猪瘟可归结于带毒野猪的传播。因此特别需要加强猪场外部的生物安全，以防止野猪闯入。

在国内，采取的生物安全措施，主要包括猪场选址和规划，饲料生物安全，人员物资入场控制，防鼠防鸟等措施；也要注意避免引种带毒。

（1）猪场选址和规划合理，远离主干道，不同功能区域需严格分开，污道粪道分开。

（2）做好隔离消毒工作，新引进猪群须隔离观察，人员进入场内需洗澡消毒更换工作服，避免栋舍间交叉。

（3）场内禁养家禽、宠物，做好灭蚊蝇、老鼠工作，条件允许时，可安装防鸟网、空气过滤系统等，禁止场内员工携带非本场猪肉。

（4）对于病死猪以及胎衣等须进行无害化处理，严禁场内直接掩埋，猪粪尿需集中有效处理，达标后方可外排。

（5）精液带毒可促进该病的快速传播，本场或外购精液须确认不携带病毒。

二、疫病监测

猪瘟是全球性流行疫病，在欧洲，带毒野猪传播是其主要的传染途径。在中国，持续性感染的种猪与先天感染的仔猪是猪瘟传播的主要传染源。猪场生产管理者需关注国内外疫病的流行趋势，并将其列入猪群常规疫病监测项目，提高预警意识。早期发现，快速响应是预防和控制该病的前提。

三、疫苗免疫

目前有很多可供选择的猪瘟疫苗毒株，包括中国C株、Thiverval株及新型标记疫苗（区分野毒与疫苗毒）。传统的活疫苗能产生高水平的保护力，并在免疫后2周内产生中和抗体。我国使用猪瘟兔化弱毒疫苗C株进行大规模防控，取得了较好的预防效果，但该疫苗不能区分野毒还是疫苗所产生的抗体。2018年，国内某公司基于E2蛋白的亚单位疫苗也已上市。该疫苗是国内首个猪瘟亚单位疫苗，能鉴别野毒感染或疫苗免疫，有利于猪瘟的净化。E2标记疫苗2针免疫后备怀孕母猪后，能保护母猪不出现临床症状，但是，病毒感染后仍然能够通过胎盘屏障，不能避免水平或者垂直传播。所以，在紧急免疫的情况下，感染野毒后，经胎盘传播避免不了，产生很多带毒母猪。

母猪免疫后，产生的母源抗体持续时间较长，能保护仔猪8～12周。母源抗体也会干扰主动免疫。如果母源抗体还很高，小猪免疫早了，免疫效果会受到影响。

推荐免疫程序：种猪适宜普免，一年免疫3次。而仔猪首免的时间应根据母源抗体的高低来确定，推荐一免后1个月左右进行二免。因而，免疫程序不可生搬硬套，各养殖场需根据该场的健康状况制订个性化的免疫程序，并定期进行免疫监测以保障猪群有较高的免疫保护水平。

疫苗免疫失败可能与以下因素有关：

（1）免疫抑制问题

①营养因素：营养是否全面，饲料是否存在霉菌毒素。

②药物因素：是否使用免疫抑制性药物（如地米、磺胺等）。

③疫病因素：猪繁殖与呼吸综合征病毒、圆环病毒等免疫抑制性疫病，造成疫苗免疫失败。

（2）母猪带毒现象　带毒母猪本身不发病，但不产生免疫应答，通过垂直传播与水平传播造成持续感染。

（3）母源抗体对首免的影响　不同的猪群母源抗体的消失时间差别极大，一般为0d至2个月不等，干扰疫苗免疫反应。因此，需通过免疫监测制订科学的免疫程序，减少母源抗体对仔猪首免的影响。

（4）疫苗运输、保存及使用存在漏洞　疫苗运输保存需控制好温度，温度过高会导致疫苗失效。

四、控制措施

尽管猪瘟病毒（CSFV）能引起免疫抑制，但猪只感染恢复后能产生中和抗体。中和抗体由囊膜糖蛋白E2产生，囊膜蛋白Erns和非结构蛋白SN3能诱导非中和抗体的产生。在感染病毒后10～20d，中和抗体开始产生，有可能清除病毒。

因此，发生疫情时，应及时隔离、无害化处理发病猪只，实施移动控制。全场消毒，并对其他生猪进行紧急接种措施。种猪群，保育和育肥猪接种高效疫苗；新生仔猪可执行超前免疫（仔猪出生、摄入初乳前肌注1头份，接种后1～2h再采食初乳）。

同时启动流行病学调查，寻找病毒入侵的源头，采取合理生物安全措施，避免病毒再次入侵。

第四章

猪繁殖与呼吸综合征

猪繁殖与呼吸综合征（PRRS）是一种由猪繁殖与呼吸综合征病毒（*Porcine reproductive and respiratory syndrome virus*，PRRSV）引起的繁殖障碍和呼吸道的传染病，猪（包括家猪和野猪）是目前已知的唯一易感动物，被世界动物卫生组织（OIE）列入必须通报疫病名录，我国则将猪繁殖与呼吸综合征（经典猪蓝耳病）列为二类动物传染病，将猪繁殖与呼吸综合征病毒变异株引起的高致病性猪繁殖与呼吸综合征（高致病性猪蓝耳病）列为一类动物传染病。

第一节 概述

一、起源及分布

1987年在美国中西部首先发现本病，并分离到病毒，其后在加拿大、德国、法国、荷兰、英国、西班牙、比利时、澳大利亚、日本、菲律宾等国家和地区发生流行（表4-1）。开始由于病原体不明确，欧洲一些国家称其为“猪神秘病”（swine mystery disease，SMD），因为部分病猪的耳部发紫，又称“猪蓝耳病”（blue-ear disease），曾命名为猪不孕与呼吸综合征（SIRS）。1992年国际兽医局在国际专家研讨会上采用“猪繁殖与呼吸综合征”这一名称。

表4-1　猪繁殖与呼吸综合征起源及分布时间

时间	国家和地区
1987年	美国
1987年秋季	加拿大
1989年	日本
1990年11月	德国
1991年	荷兰、西班牙、法国、英国，随后希腊和澳大利亚也相继报道
1991年	中国台湾
1995年	中国大陆

我国于1995年首次暴发猪繁殖与呼吸综合征。2006—2007年该病再次暴发，但传播速度之快、流行范围之广和死亡率之高等特征明显不同以往，后经证实为一株高致病性的美洲型变异株（NVDC-JXA1株）。目前在我国，高致病性毒株已基本消亡，现流行的主要是类高致病性毒株（类NADC30株）。而美国近期暴发的新型猪繁殖与呼吸综合征毒株1-4-4（L1C）给全球养猪业带来了新的威胁。

除了几个主要地区外，世界上的大部分养猪地区都存在猪繁殖与呼吸综合征病毒。在欧洲，目前尚未发现猪繁殖与呼吸综合征病毒的国家包括瑞典、挪威、芬兰、瑞士。大洋洲的新喀里多尼亚、新西兰和澳大利亚均未发现猪繁殖与呼吸综合征病毒。南美洲的阿根廷、巴西、古巴以及加勒比海的某些地区也可能是无猪繁殖与呼吸综合征病毒地区。

二、危害

猪繁殖与呼吸综合征病毒已在世界上大部分养猪地区流行，且难以控制。Neumann等（2005）估计美国养猪生产者每年因猪繁殖与呼吸综合征损失5.6032亿美元。最近的一项研究认为，除了在猪繁殖与呼吸综合征病毒疫苗、诊断和生物安全方面的花费以外，美国每年因猪繁殖与呼吸综合征导致的损失高达6.6858亿美元（Holtkamp等，2011）。因此，从猪群、地区乃至国家层面，根除猪繁殖与呼吸综合征病毒均被认为是最好的解决问题之道。

目前威胁我国养猪业生产安全的猪繁殖与呼吸综合征病毒主要为猪繁殖与呼吸综合征病毒美洲型变异株，高度易感染。其特征为厌食、发热、怀孕后期发生流产、死胎和木乃伊胎，幼龄仔猪发生呼吸道症状。

三、国内外防控现状

智利和瑞典已经完全根除了猪繁殖与呼吸综合征病毒（Carlsson等，2009；Torremorell等，2008）。在北美，已经开始执行根除猪繁殖与呼吸综合征病毒的地区性程序，而且范围正在扩大（Corzo等，2010）。地区性程序要求所有成员之间的有力协调与合作，这对于保持重要地区无猪繁殖与呼吸综合征是极其重要的。

第二节 病原学与流行病学

一、病原学

猪繁殖与呼吸综合征病毒（PRRSV）归属于动脉炎病毒科（Arteriviridae），动脉炎病毒属（*Arterivirus*）。1991年，荷兰中央兽医研究中心从人工和自然感染病猪分离到病毒，命名Lelystad病毒（LV）。病毒粒子呈卵圆形，直径50～65nm。在感染的肺泡巨噬细胞的超薄切片中，猪繁殖与呼吸综合征病毒呈直径为45～65nm的球状颗粒，有囊膜，20面体对称，为单股核糖核酸（RNA）病毒。对乙醚和氯仿敏感。

根据抗原和基因差异，猪繁殖与呼吸综合征病毒可分为两个基因型，即北美（NA）株（VR-2332），又称2型株；欧洲株（EU）株（Lelystad virus，LV），又称1型株。猪繁殖与呼吸综合征病毒因遗传复制误差率高以及毒株间的基因重组，两个基因型毒株间的差异还在加大。目前，欧洲发现类NA毒株，而北美发现类EU毒株，它们之间的抗原差异模糊复杂，这可能与活疫苗的引进和使用有关。南美及亚洲大多数猪繁殖与呼吸综合征病毒毒株属NA株，病毒有可能通过生猪及猪精液贸易传播。

高致病性猪繁殖与呼吸综合征的病原体即为猪繁殖与呼吸综合征病毒美洲型变异株（NVDC-JXA1株），通过基因测序分析，该毒株NSP2基因蛋白第481位、532～560位氨基酸缺失，与美洲标准株（VR-2332）的同源性为89.6%，与欧洲标准株LV的同源性为54.7%，由此认为NVDC-JXA1株属美洲型变异株。我国自发现猪繁殖与呼吸综合征以来，已经分离HB-1（sh）、HB-2（sh）、NVDC-JXA1和类NADC30等毒株，经比对均与北美株关系密切。

猪繁殖与呼吸综合征病毒在pH 5.5～6.5非常稳定，但pH≥7和pH≤5时，其活性损失90%以上。猪繁殖与呼吸综合征病毒不耐干燥，在完全干燥条件下很快灭活，而在水中可存活11d。猪繁殖与呼吸综合征病毒对低浓度去污剂敏感，氯仿、乙醚等溶剂可使其快速灭活。

猪繁殖与呼吸综合征病毒无凝血活性，易在猪原代肺泡巨噬细胞上增殖，在CL2621、MA104及Marc-145等传代细胞上也能增殖，产生细胞病变。猪繁殖与呼吸综合征病毒在-70℃可保存18个月，4℃保存1个月，37℃存活48h，56℃、45min完全失去感染力。

二、流行病学

（一）传染源

病猪和带毒猪是本病的主要传染源。感染母猪明显排毒，鼻分泌物、粪便、尿均含有病毒。耐过猪可能长期带毒，并不断向体外排毒。

（二）易感动物

本病主要侵害繁殖母猪和仔猪，肥育猪发病温和。

（三）传播途径

本病传播迅速，主要经呼吸道感染，因此，当健康猪与病猪接触，如同圈饲养，频繁调运，高度集中更容易导致本病发生和流行。本病也可垂直传播。

公猪感染后3～27d和43d所采集的精液中均能分离到病毒。7～14d从血液中可查出病毒，以含有病毒的精液感染母猪，可引起母猪发病，在21d后可检出猪繁殖与呼吸综合征病毒抗体。怀孕中后期的母猪和胎儿对猪繁殖与呼吸综合征病毒最易感。猪场卫生条件差，气候恶劣、饲养密度大，可促进本病的流行，由于本病可造成严重经济损失，许多国家已禁止从感染地区或猪场引进活猪和公猪的精液。

第三节　临床症状及剖检变化

一、临床症状

猪繁殖与呼吸综合征病毒分离株的毒力差别很大，低毒力的分离株仅能引起猪群亚临床症状的流行或者地方性流行。猪群的免疫状况不同，感染后的临床表现也不同。普通毒力毒株初次感染猪群的临床表现为病猪厌食、精神沉郁、低烧，母猪流产、早产、死胎、木乃伊胎和仔猪出现咳嗽、气喘、呼吸困难等呼吸系统症状。

高致病性猪繁殖与呼吸综合征临床症状表现为体温明显升高，可达41℃以上；食欲不振、厌食甚至食欲废绝、精神沉郁、喜卧；皮肤发红，部分猪濒死期末梢皮肤发红、发紫，耳部蓝紫（图4-1）；眼结膜炎、眼睑水肿；咳嗽、气喘等呼吸道症状；部分猪表现后躯无力、不能站立或共济失调等神经症状；仔猪发病率可达100%、死亡率可达50%以上，母猪繁殖障碍，可见流产、早产、死胎、木乃伊胎和弱仔，流产率可达30%以上，成年猪也可发病死亡。

图4-1　高致病性猪繁殖与呼吸综合征的临床症状：皮肤发红、发紫，耳部蓝紫
供图：刘月焕。

二、剖检变化

主要病变是肺弥漫性间质性肺炎，并伴有细胞浸润和卡他性肺炎区。在腹膜、肾周围脂肪、肠系膜淋巴结、皮下脂肪和肌肉发生水肿、肺水肿（图4-2）。

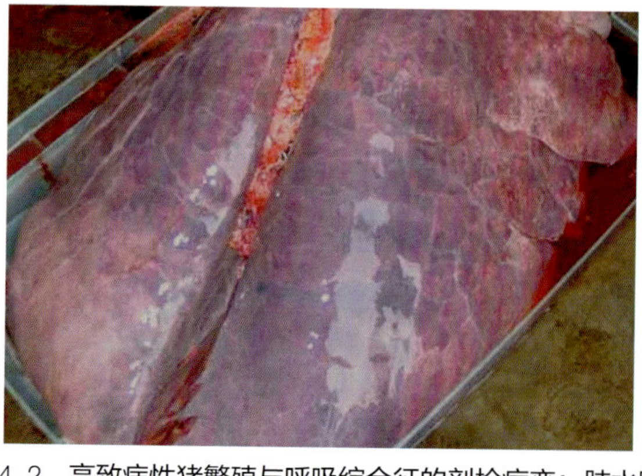

图4-2　高致病性猪繁殖与呼吸综合征的剖检病变：肺水肿
供图：刘月焕。

三、鉴别诊断

猪繁殖与呼吸综合征与猪细小病毒病、伪狂犬病、猪日本乙型脑炎、布鲁氏菌病、猪衣原体病等都可引起流产和死胎，应注意与这几种病的鉴别诊断，并开展实验室检测进行确诊。

第四节 实验室诊断

实验室诊断猪繁殖与呼吸综合征的方法主要为病原学检测方法（病毒分离与鉴定、RT-PCR、荧光RT-PCR）以及血清学检测方法［免疫过氧化物酶单层细胞试验（IPMA）、IFA、ELISA］。企业自有实验室可根据自身能力配备血清学检测、分子生物学检测条件，并结合企业疫苗使用情况，选择适合的检测方法。

如有检测阳性结果，必须报送当地兽医主管部门实验室复诊。如企业没有自检实验室，也可将可疑临床样本送至当地官方兽医实验室或有资质的第三方兽医检测实验室确诊。

猪繁殖与呼吸综合征相关国际国内标准及所含检测方法见表4-2。

表4-2　猪繁殖与呼吸综合征实验室诊断技术标准及生物安全要求

<table>
<tr><th colspan="2">实验室诊断标准</th><th>标准所含检测方法</th><th>实验活动所需实验室生物安全级别</th></tr>
<tr><td>国际标准</td><td>OIE《陆生动物诊断试验和疫苗手册》（第7版）“2.8.7 猪繁殖与呼吸综合征”</td><td>病毒分离与鉴定、IPMA、IFA、ELISA</td><td rowspan="7">病原分离培养：BSL-2；
动物感染实验：ABSL-2；
未经培养的感染性材料实验：BSL-2；
灭活材料实验：BSL-1</td></tr>
<tr><td rowspan="6">国内标准</td><td>《猪繁殖与呼吸综合征诊断方法》（GB/T 18090—2008）</td><td>病毒分离与鉴定、IPMA、IFA、间接ELISA、RT-PCR</td></tr>
<tr><td>《鉴别猪繁殖与呼吸综合征病毒高致病性与经典毒株复合RT-PCR方法》（GB/T 27517—2011）</td><td>RT-PCR</td></tr>
<tr><td>《猪繁殖与呼吸综合征病毒荧光RT-PCR检测方法》（GB/T 35912—2018）</td><td>荧光RT-PCR</td></tr>
<tr><td>《猪繁殖与呼吸综合征间接ELISA抗体检测方法》（NY/T 3237—2018 ）</td><td>间接ELISA</td></tr>
<tr><td>《猪繁殖与呼吸综合症免疫酶试验方法》（NY/T 679—2003）</td><td>免疫酶试验</td></tr>
</table>

第五节 综合防控措施

猪繁殖与呼吸综合征在猪病中占有举足轻重的地位，从经典毒株、高致病性毒株、NADC-30，再到现在美国暴发的新型毒株1-4-4，病毒在不断变化，防控压力剧增。本病目前尚无特效药物疗法，主要采取综合防控措施及对症疗法，疫苗对降低感染和病毒危害有一定作用。最根本的办法是消除病猪、带毒猪和彻底消毒，切断传播途径。这项工作应反复进行，其次还要及时清除感染的断奶猪，保持保育阶段无猪繁殖与呼吸综合征病猪，以确保断奶转栏时，只要不和污染猪舍共用通风系统，即可能避免发生猪繁殖与呼吸综合征传染；此外，应加强进口猪的检疫和监测，以防本病的引入和扩散。

一、生物安全

猪繁殖与呼吸综合征病毒可以通过感染猪只的唾液、尿液、粪便污染环境，使得猪繁殖与呼吸综合征病毒通过各种媒介进行传播。猪繁殖与呼吸综合征病毒环境耐受能力较低，通过加热和干燥可以使病毒迅速灭活。

精液以及引进猪只是猪繁殖与呼吸综合征病毒在不同猪场间传播的主要途径，人员、物资、车辆、污染的猪舍、蚊蝇等有害动物、猪肉、感染猪只尸体、粪污、气溶胶等均可成为猪繁殖与呼吸综合征病毒的传染途径。

精液和引进猪只：通过合适的隔离舍对引进猪只进行至少30d的隔离检疫，确保引进猪只未感染猪繁殖与呼吸综合征病毒。公猪站制订合理的监测方案和对采精公猪的血液和精液进行猪繁殖与呼吸综合征抗原的监测可有效避免猪繁殖与呼吸综合征病毒通过精液的传播。

物资：对所有进场物资通过去除有机物、消毒剂的使用、干燥、加热、紫外线照射等，以及适当的空置时间能有效灭活猪繁殖与呼吸综合征病毒。

人员：将入场的人员按照风险大小进行分类，制订相应的风险控制方案，经过彻底的沐浴更衣，以及适当的隔离时间，能有效阻断人员的传播。

车辆运输：猪场的装猪台应设置成三个不同生物安全等级，通过猪场的专用中转车将猪只通过外部中转台转运给客户车辆。确保中转车靠近猪场前必须经过彻底清洗、消毒、烘干。设计合理的洗车点，净脏区的严格分离，车辆清洗的质量和监督措施，以及辅助加热系统，如56℃、70min的烘干过程，这一系列的措施得到完全落实方可有效掐断猪繁殖与呼吸综合征病毒通过运输传播的途径。

有害动物：防蝇网以及制订合理的驱蝇方案能有效避免蚊蝇传播。定期清理猪舍和猪场外围的垃圾、污水等，避免有害动物的聚集。定期检查围网的完整性，最好采用实体围网。制订合理的驱鼠计划也必不可少。

空气传播：需要在建场前和猪只进入后定期评估猪场周边猪群密度，车辆流向，天然屏障等生物安全风险。据文献报道，猪繁殖与呼吸综合征病毒可以通过空气传播至少3.3km以上，当猪场周边风险增多时，空气过滤系统能有效减少猪繁殖与呼吸综合征病毒通过空气传播的概率。

二、疫病监测

我国猪群猪繁殖与呼吸综合征病毒感染压力总体来说还是很高的。猪群特别是种猪群要进行病毒监测。

日常监控：通过每天对猪只的观察，对发热、异常的繁殖障碍（流产、返情、空怀、死胎、木乃伊胎），以及任何日龄段仔猪表现出来的呼吸道症状都应该予以关注。另外，可通过采样口腔唾液、血清、血拭子、死亡猪只肺脏、淋巴结等，并第一时间送至实验室进行RT-PCR确诊猪繁殖与呼吸综合征病毒；也可通过基因测序来确定是否有新毒株进入猪场或进行病原体的追溯。在猪繁殖与呼吸综合征病毒净化策略中，常会采样哺乳仔猪的尾根和睾丸液进行检测，用于评估猪群的排毒情况。

定期的监测：制订合理的月度监测计划，通过对猪场内不同群体的合理采样，通过抗原和抗体的检测，结合临床症状来评估猪场的猪繁殖与呼吸综合征病毒状态。

对于猪繁殖与呼吸综合征病毒阳性场而言，猪繁殖与呼吸综合征抗原阳性和猪繁殖与呼吸综合征抗体阳性并不能直接说明与猪群某些临床问题有相关度。病理学诊断有利于找到真正的致病微生物，只有出现猪繁殖与呼吸综合征病毒特征性病理损伤才能说明其与临床问题的相关性。

三、疫病的控制与净化

（一）疫苗免疫

猪繁殖与呼吸综合征病毒疫苗的免疫和疫苗的选择一直是行业的热点话题，因为疫苗毒株与流行毒株的同源性与疫苗保护力的相关性一直是争议的话题。有研究证明，免疫过猪繁殖与呼吸综合征弱毒疫苗的猪群或者曾感染过猪繁殖与呼吸综合征病毒的猪群，再次感染猪繁殖与呼吸综合征病毒以后，猪群的断奶仔猪损失更少，猪群生产指标恢复到正常水平的时间更短。由于猪繁殖与呼吸综合征灭活疫苗的安全性等优势，灭活疫苗的研究和产品从未停止，但是其使用效果和应用方法还有待进一步验证和研究。

（二）后备母猪的驯化

猪繁殖与呼吸综合征阳性场生产指标的核心是尽可能让单位母猪每年提供更多的断奶仔猪。后备母猪的驯化对于避免病毒在母猪群的循环至关重要，对阴性后备母猪的驯化，通常采取疫苗驯化或者野毒驯化。疫苗驯化对后备母猪而言相对更安全，病毒血症期更短，但是存在入群以后因为保护力不足，再次被感染排毒或者导致繁殖障碍的问题。而使用本场流行毒株进行驯化，同源毒株驯化的保护力更强，但是驯化可能会导致后备母猪的细菌性继发感染而减少入群率，母猪感染野毒后排毒期和恢复期相比疫苗驯化更长，驯化所用的病料（血清）和驯化的病毒量难以控制，甚至导致其他病原的扩散。

（三）猪繁殖与呼吸综合征病毒净化

对于某个猪场是否应采取猪繁殖与呼吸综合征病毒净化，取决于该场周边的生物安全风险，取决于该场在净化成功后能否长期维持猪繁殖与呼吸综合征病毒阴性。无论如何对于核心育种场（GGP），维持猪繁殖与呼吸综合征病毒阴性都是至关重要的，不仅能避免将新的毒株传入下游猪场，而且核心场为了维持猪繁殖与呼吸综合征病毒阴性投入更多的设施和执行更严格的生物安全程序，能有效避免其他病原体的侵入，使得核心场猪群维持健康，这些对下游猪群的健康起到关键作用，并带来更多的经济价值。

目前流行的净化方法通常是采取引入足够的后备母猪、封群、暴露、持续对断奶猪只进行监测、放入哨兵猪等措施。对于猪群的暴露目前有疫苗免疫和野毒暴露的方法，有研究表明，疫苗暴露可能使得猪群能更快地恢复到正常的生产水平，断奶仔猪损失相对较低，但是猪群产生阴性断奶仔猪的时间更长，可能会因母猪群的持续减少，在未净化成功的情况下引入新的阴性后备母猪导致净化失败。而采取本场流行毒株的驯化，猪群产生阴性断奶仔猪的时间相对更短，但是断奶仔猪的损失相比疫苗驯化更高。阴性场暴发猪繁殖与呼吸综合征病毒后，采取野毒驯化，通常情况下在200d左右得到阴性断奶仔猪。

第五章

猪口蹄疫

猪口蹄疫（swine foot-and-mouth disease，FMD）是由口蹄疫病毒（*Foot-and-mouth disease virus*，FMDV）引起的猪的一种急性、热性、高度接触性的传染病，牛、羊、猪等所有偶蹄动物均可感染口蹄疫病毒。该病被世界动物卫生组织（OIE）列入必须通报疫病名录，我国将其列为一类动物疫病。

第一节　概述

一、起源及分布

早在14～15世纪就有类似传染病的记载。1514年意大利学者详细记述了口蹄疫。17～18世纪，德国、法国、意大利等国暴发该病，1842年亚洲出现该病的流行记载。19世纪60年代，该病从欧洲传入美国。20世纪20年代，血清型被分为O型、A型、C型，20世纪40年代南非地区分离出SAT1型、2型、3型，20世纪50年代亚洲分离出AsiaⅠ型。

口蹄疫呈世界分布，亚洲、中东和非洲是流行的集中地，南美洲零星散发。非洲主要是SAT型，也有O型和A型；亚洲和中东是O型、A型、AsiaⅠ型；南美散发O型和A型，C型已经消失。多数西欧国家保持无疫状态，大部分的欧洲国家，已通过无疫认证，所有欧盟国家已停止口蹄疫疫苗免疫。北美洲和大洋洲继续保持无口蹄疫状态。目前，我国猪口蹄疫主要是O型口蹄疫。

二、危害

猪被称为“口蹄疫病毒放大器”，当猪只处于潜伏期时，是最危险的传染源。发生疫情后，强制性的扑杀措施会造成巨大的直接经济损失。此外因采取封锁、隔离、交通阻断、限制动物及产品流动等措施，也会给家畜养殖及其产品流通环节带来较大的间接经济损失，严重影响养猪业的健康发展。

三、国内外防控现状

国内外防控口蹄疫的主要对策分为免疫为主和扑杀为主两种防控策略。大多数有口蹄疫的发展中国家采用以免疫接种为核心，并辅以扑杀、消毒等措施的综合防控。免疫防控策略相对温和，但是耗时长、且畜产品长期不能进入国际市场。美国、英国、加拿大、韩国和日本均采用过扑灭根除政策，即以强制扑杀全部病畜和可能感染病毒的易感动物为主，辅以限制移动、流行病学监测、进口控制以及严格的生物安全措施。扑杀根除可在短期内根除疫情，但是一次性经济损耗巨大，目前仅在常年无口蹄疫的发达国家采取扑杀根除政策。但是对于有口蹄疫的国家而言，一旦该疫病被控制，在扑灭的最后阶段也应使用扑杀根除政策。

2019年农业农村部公布了FAO-OIE全球口蹄疫根除计划，如图5-1所示。

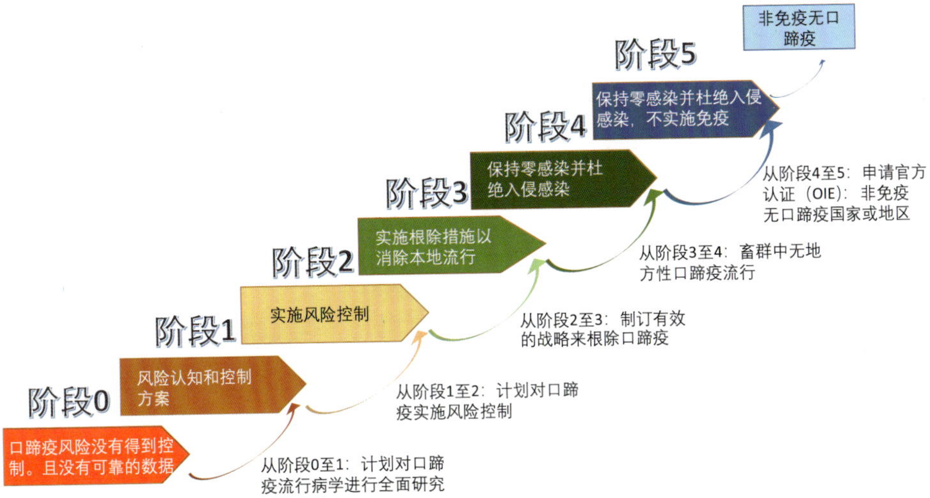

图5-1　口蹄疫根除计划图

第二节　病原学与流行病学

一、病原学

口蹄疫病毒属于小核糖核酸病毒科（Picornaviridae）口蹄疫病毒属（*Aphthovirus*），包括7个血清型（O、A、Asia Ⅰ、C、SAT1、SAT2、SAT3）和许多血清亚型，同一个血清型又有许多不同的分离株。口蹄疫病毒呈球形，正二十面体对称，RNA基因组被蛋白质外壳（衣壳）包围。不含RNA的空衣壳不具有感染性。完整的衣壳蛋白由四种结构蛋白VP1～4的各60个拷贝组成，其中VP1结构蛋白决定其感染性和免疫性。非结构蛋白NSPs不是病毒粒子自有结构，而是在病毒复制过程中产生的。

二、流行病学

（一）传染源

病畜和带毒畜是主要的传染源，而最危险的传染源是处于潜伏期的带毒动物。

（二）易感动物

目前已知有30多种动物对口蹄疫病毒易感，其中所有偶蹄动物均易感，偶蹄动物中又以牛最为易感。人也可感染。一般幼龄动物较成年动物易感。但猪口蹄疫感染毒株有宿主嗜性，一般不感染牛。

（三）传播途径

该病毒既能通过直接接触传染，又能通过间接接触传染。带毒猪或患病猪通过分泌物、排泄物向体外排出病毒，继而污染饲料、水、垫料、工具和空气等。易感动物可以经消化道通过采食、饮水（被污染的饲料和水源）而感染，可经破损的皮肤和黏膜感染，还可经呼吸道感染。口蹄疫病毒侵入猪只和从猪只排出的方式与牛羊不同，主要通过饲喂被病毒污染的食物、直接接触病毒污染物或发病动物而感染，对气源性感染不敏感（但200m以内通过气溶胶传播给猪是可能的）。

（四）流行特点

猪口蹄疫无明显的季节性，其特点是传播快，可在2～3d内引起区域性的全面流行和暴发。感染后，成年动物死亡率低，幼畜常突然死亡且死亡率高，仔猪常成窝死亡。该病毒受pH、温度、盐离子影响较大，热稳定性差，4℃以下pH 7～9条件下较稳定，4℃酸性条件下迅速裂解；高盐会导致病毒的裂解，其中NaCl和KCl对其影响最强。各环境样本存活时间见表5-1。

表5-1　口蹄疫病毒各载体中存活时间

载体名称	时间
牛毛	18～20℃至少4周
干粪	至少14d
尿	39d以上
土壤	夏天3d，秋天28d

第三节 临床症状及剖检变化

一、临床症状

口蹄疫典型的临床特征是急性发热，口和蹄部形成囊泡，在小泡病变出现前1～2d，蹄部发热、局部疼痛。猪的临床症状一般很严重，发病动物蹄部、唇部、乳房皮肤及口腔黏膜出现水泡、溃疡、出血、蹄匣脱落（图5–2）。蹄部疼痛引起跛行，不愿站立或行走（如犬卧姿势），沉郁，食欲不振。病情严重的猪出现昏睡、扎堆、食入减少甚至绝食。体温一般为39～40℃（也有高达42℃或接近正常体温，病情严重的会出现低于正常体温）。

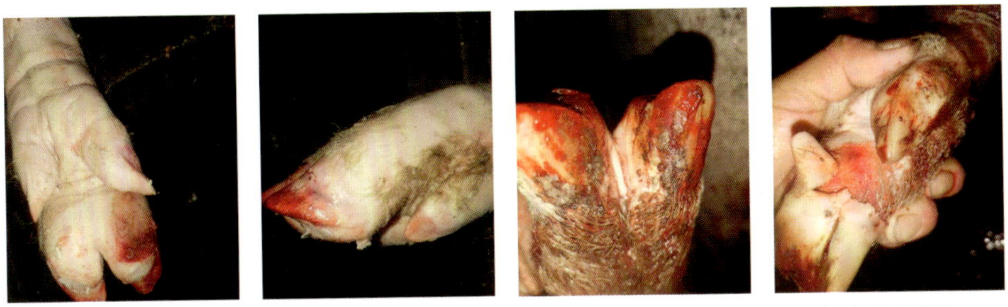

（1）蹄部溃疡　（2）蹄部水泡　（3）蹄部出血　（4）蹄匣脱落

图5–2　猪口蹄疫的剖检病变

二、剖检变化

经尸体解剖，心肌变性，其色调似虎斑，故称虎斑心。化脓性乳房炎可转变成败血脓血症。

三、鉴别诊断

从临床症状上，猪口蹄疫与猪水疱病、水疱性口炎、水疱性传染病等病毒囊疱病很难鉴别区分，只能通过实验室诊断进行确诊。

第四节　实验室诊断

任何单位和个人发现家畜有上述异常临床症状时，应按照《口蹄疫防治技术规范》要求执行相关应对措施；可疑病例样品必须在安全条件下按要求运输送往指定的实验室进行检测。目前，猪口蹄疫实验室诊断技术包括血清学鉴定和病原学鉴定，检测方法主要有病毒中和试验（VN）、液相阻断ELISA、固相竞争ELISA、3ABC抗体间接酶联免疫吸附试验（3ABC-I-ELISA）、3ABC抗体阻断酶联免疫吸附试验（3ABC-B-ELISA）、定型ELISA、定型RT-PCR、多重RT-PCR、荧光定量RT-PCR、RT-LAMP检测、病毒VP1基因序列分析等技术。其中OIE指定试验是病毒中和试验和ELISA试验。口蹄疫病毒各类检测方法的标准及生物安全要求详见表5-2。

表5-2　口蹄疫实验室诊断技术标准及生物安全要求

<table>
<tr><th colspan="2">实验室诊断标准</th><th>检测方法</th><th>实验活动所需实验室生物安全级别</th></tr>
<tr><td>国际标准</td><td>OIE《陆生动物诊断试验和疫苗手册》（第7版）“2.1.5 口蹄疫”</td><td>ELISA、CF、RT-PCR、VN、非结构蛋白抗体试验、EITB</td><td rowspan="5">病原分离培养：BSL-3；动物感染实验：ABSL-3；未经培养的感染性材料实验：BSL-2（实验的感染性材料的处理要在Ⅱ级生物安全柜中进行）；灭活材料实验：BSL-2</td></tr>
<tr><td rowspan="4">国内标准</td><td>《口蹄疫诊断标准》（GB/T 18935—2018）</td><td>病毒分离、ELISA、RT-PCR、多重RT-PCR、荧光定量RT-PCR、VN、病毒VP1基因序列分析、非结构蛋白抗体试验</td></tr>
<tr><td>《口蹄疫病毒荧光RT-PCR检测方法》（GB/T 22915—2008）</td><td>荧光RT-PCR</td></tr>
<tr><td>《口蹄疫病毒实时荧光RT-PCR检测方法》（GB/T 27528—2011）</td><td>实时荧光RT-PCR</td></tr>
<tr><td>《口蹄疫检疫技术规范》（SN/T 1181—2010）</td><td>病毒分离与鉴定、ELISA、RT-PCR、荧光RT-PCR、VN、琼脂凝胶免疫扩散</td></tr>
</table>

注：CF：补体结合试验；

EITB：免疫印迹试验。

第五节 综合防控措施

目前没有方法能够治疗感染口蹄疫的猪，一旦病毒进入猪场，只能通过全群扑杀、无害化处理才能根除该病毒。因此，猪口蹄疫的防控措施重点在防，良好的生物安全措施有利于避免病毒进入猪场。关于猪场的生物安全管理已在本书第一章详细阐述，而针对口蹄疫要特别注意以下几个方面：

一、外部的生物安全

（1）评估猪场周围反刍动物（包括牛、羊等）的饲养密度和与猪场的距离。

（2）评估猪场外部环境中猪的群体和密度。

（3）兽医要关注本地区口蹄疫的流行情况和周边猪场的疫情情况，其中周边的养猪环境是需要考虑的最重要风险因素。

二、引种安全

在引种上，必须确保来源猪群没有被口蹄疫病毒感染，且引种群体有相对整齐的血清抗体水平。同时确保猪群的运输安全，避免或者减少猪群在运输路途中发生感染，并造成较高的淘汰率。

三、流调监测

由于各血清型之间无交叉免疫保护反应，因此临床血清型鉴定显得尤为重要。应结合养殖特点和疫病状况，充分发挥兽医实验室作用，完善主动监测、加强被动监测，全面做好饲养、隔离、屠宰加工、运输、经营等环节的监测，进一步提升监测数据的地理信息意义。

（一）养殖场方面

养殖场应建立生猪健康临床检查制度和检查标准，每日监测猪群健康状况并定期做好口蹄疫的病原学和血清学监测。

（二）动物疫病预防控制机构方面

根据养殖特点和流行状况，合理设置监测点。监测点应包括种猪场、规模养猪场、屠宰场、交易市场、散养户。每季度开展1次猪口蹄疫病原学和血清学检测，分析口蹄疫流行状况，把握未来发展趋势，做好充足技术储备。

（三）动物卫生监督机构方面

按照《动物检疫管理办法》要求完成产地检疫、屠宰检疫、调运检疫。

四、疫苗免疫

（一）选择相应的疫苗

在中国，口蹄疫的防控以注射灭活疫苗进行群体免疫为主。我国主要流行O型、A型口蹄疫，其中O型是感染最多、流行最复杂的毒株，应重点关注。口蹄疫各血清型之间无交叉免疫保护反应，同血清型也可能有差异很大的毒株，甚至即使是同型毒株疫苗也不能完全保护猪群。因此，在疫苗毒株的选择上，免疫用疫苗的制苗毒株必须与流行毒株尽可能匹配。目前，国内口蹄疫制苗毒株主要分为传统培养的制苗毒株（O/Mya98/BY/2010株、A/WH/09株、O/PanAsia/TZ/2011株、O/Mya98/XJ/2010株、O/GX/09-7株、O/HM02株+AKTⅢ株、O/HB/HK99株、AF/72株）和利用反向遗传操作技术拯救的制苗毒株（Re-A/WH/09株、Re-O/MYA98/JSCZ/2013株）。通过反向遗传操作技术可以构建种毒库，从种毒源头解决田间毒株产量低、抗原不稳定、不适合作为种毒的难题，降低和消除种毒致病性，显著提高了抗原产量，拓宽了抗原谱，提高了稳定性和抗原免疫原性，改善免疫应答，优化种毒性能，显著提高疫苗效力，并实现疫苗产业化。

疫苗抗原纯度决定了注射时应激反应的大小，疫苗越纯，杂蛋白与内毒素含量越低，免疫应激反应越小，疫苗的安全性就越好。口蹄疫灭活疫苗的效力不仅取决于抗原含量，也取决于抗原和佐剂混合物的共同作用。研究表明，灭活疫苗质量的好坏与制造工艺、抗原量、纯度、毒株以及佐剂有关，应尽量选择高效、安全的疫苗。

（二）疫苗效力评估

疫苗效力评估（potency assessment），即用PD_{50}进行评定。一般将口蹄疫疫苗免疫动物30～60d后，用同源强毒10000ID_{50}攻击免疫动物，如果动物获得攻毒保护，则该疫苗合格。OIE如下定义标准疫苗：含有足量抗原和适当免疫佐剂以确保最低效力要求（建议3倍PD_{50}的抗原含量，PD_{50}即50%保护剂量），在有效期内能提供75%保护率或者12/16的攻毒保护率（免疫后攻毒能保护不发生蹄部感染症状）。高效疫苗用于保护易感动物不发生口蹄疫（建议6倍PD_{50}的抗原含量），并能产生快速免疫应答。

科学家们建立了液相阻断ELISA抗体滴度和临床保护之间的相关性。OIE建议使用液相阻断ELISA或者病毒中和试验评估疫苗的保护力。目前大部分用液相阻断ELISA方法检测抗体滴度，不同疫苗免疫后ELISA抗体滴度可能差异较大。建议结合疫苗使用历史，并咨询疫苗生产厂家的技术服务人员建立抗体滴度的基准参考值，用于指导猪场抗体监测和免疫评估。

一种疫苗对异型毒株的保护作用只能通过动物实验进行评估。但是动物实验也有缺陷，因为使用的动物头数少，难以产生统计学意义上的数据。

（三）注意免疫关键点

临床实际中，常常发生疫苗免疫失败的情况，即产生免疫空白的个体或畜群。这些动物极易被口蹄疫病毒感染，成为口蹄疫发生与流行的潜在危险因素。因此一定要额外注意免疫过程中的几个关键之处。

1. 母源抗体的影响

母源抗体虽能保护幼龄动物免受病原的侵害，但在实际生产中也有不利的一面，即对疫苗免疫具有明显的干扰作用。母源抗体对特异性抗原位点实施“封闭”，从而阻止抗原位点与机体免疫相关细胞上的抗原受体结合，导致免疫系统不能对抗原物质产生反应。母源抗体越高，干扰作用越大。临床上如果母猪使用高纯度、高含量的疫苗，则母猪产下的仔猪的免疫时间就得延后。仔猪免疫程序易受母源抗体的影响，免疫过早、过晚均不是理想的免疫时机。因为免疫过早母源抗体易被疫苗抗原中和导致免疫失败，而如果母源抗体完全消失后再免疫，虽然免疫效果好，但免疫空白期过长存在一定的感染风险。

2. 疫苗运输及保存

疫苗的运输及保存均需严格按照要求执行。如果温度较高，易导致疫苗中有效抗原的降解或破乳，造成疫苗效力减小甚至完全失效。

3. 规范免疫操作

使用疫苗前应仔细检查疫苗外观的质量，免疫接种时应按照疫苗产品说明书的要求规范操作，并对废弃物进行无害化处理。注射操作不规范、注射器的刻度不清晰或注射时“打飞针”都会造成免疫的剂量不足，从而导致免疫效果不佳。实施免疫时，要切实做好个人生物安全防护工作，避免通过皮肤伤口、呼吸道、消化道、可视黏膜等途径感染病原体或引起不良反应。免疫过程中要做好消毒工作，做到“一畜一针头”，防止交叉感染。

4. 应激反应

免疫接种前后如果猪只受到湿度过大、通风不良、过冷、过热、断奶、限饲、长途运输、脱水、突然换料、转群或咬架等刺激，都会产生不同程度的应激，从而导致猪体免疫应答能力减弱，进而影响免疫效果。

五、免疫监测

猪场兽医和管理人员要及时通过监测抗体阳性转化的情况评估疫苗的免疫效果，实行常规监测与随机抽检相结合，猪群体抗体合格率未达到规定要求的，应及时报告主管部门，并组织开展补免工作。

六、发病后处理

严格按照《口蹄疫防治技术规范》要求执行报告、确诊、封锁、扑杀、消毒、无害化处理等措施。

第六章

伪狂犬病

伪狂犬病（pseudorabies，PR）是由伪狂犬病病毒（*Pseudorabies virus*，PRV）引起的不同阶段猪出现不同症状的一种急性传染病，野猪和其他动物均可感染。该病被我国列为二类动物疫病。

第一节 概述

一、起源及分布

伪狂犬病最早发生于1813年，在美国发现，发生于牛，称之为“疯痒病”。1902年，匈牙利科学家Aujeszky首次报道了该病，并将其命名为奥耶斯基病。自Aujeszky报道以来，南美洲、欧洲和亚洲养猪密度比较大的多个国家和地区都发生了伪狂犬病。此后，该病在世界范围内广泛流行。

自1947年我国学者刘永纯首次报道了猫的伪狂犬病，其后陆续报道了多种动物的伪狂犬病，并已先后分离鉴定出多个伪狂犬病病毒经典野毒株，如闽A株（Fa）、陕A株、京A株、鄂A株（Ea）、鲁A株（LA）等。1956年，周圣文首次发现PRV在我国哺乳仔猪上造成感染。据统计显示，目前该病已涉及中国香港、中国台湾在内的30多个省市区。

二、危害

2011年以来，伪狂犬病在我国出现新的流行特点，主要表现为流行范围广，危害大，很多伪狂犬病阴性场gE抗体检测突然转阳，阳性场和猪场阳性率大幅上升，病毒感染猪群后，猪表现为显性感染。多家实验室从全国不同地区病料样品分离到的伪狂犬病病毒基因同源性相似，PCR检测后发现，与经典伪狂犬病毒株相比，其发生了变异，且变异株致病性增强，因抗原发生变异，现有疫苗不能提供完全的免疫保护。伪狂犬病病毒变异株的出现，使猪群感染发病后死亡率增高，造成猪场重大的经济损失，严重地危害了养猪业的发展。

三、国内外防控现状

由于控制力度的加大和根除计划（在大规模接种*gE*基因缺失疫苗以区分野毒感染与疫苗接种的基础上扑杀野毒感染的猪只）的实施，使得欧洲许多国家得以在家养猪中根除此病，其包括奥地利、丹麦、芬兰、德国、荷兰、瑞典、瑞士、挪威、加拿大、新西兰和美国等。在这些已根除伪狂犬病的国家，疫苗接种是禁止的，但在根除计划成功后仍发现有伪狂犬病暴发。近年来，欧洲国家血清学调查和监测力度的增加，反映其伪狂犬病病毒感染的自然病例存在增多现象。

目前，我国对该病的防控策略同样也是采用免疫接种*gE*基因缺失疫苗结合gE-ELISA检测方法。经过几年的努力，伪狂犬病病毒的控制和净化技术得到了验证，中国猪群伪狂犬病病毒野毒感染情况逐渐趋于稳定。

第二节 病原学与流行病学

一、病原学

伪狂犬病病毒的分类学命名为猪疱疹病毒Ⅰ型（*Suid herpesvirus* 1，SHV-1），属于疱疹病毒科（Herpesviridae family）*α*-疱疹病毒亚科（Alphaherpesvirinae subfamily）的成员之一。

（一）形态结构

伪狂犬病病毒具有疱疹病毒的典型结构，病毒粒子呈球形或椭球形，成熟的病毒粒子大小为150～180nm，有囊膜，且囊膜表面有8～10nm呈放射状排列的纤突。PRV只有一种血清型，不同分离毒株，毒力和生物学特性不同。

（二）基因组及糖蛋白

伪狂犬病病毒基因组为双股线形DNA，长约143kb，平均G+C含量高达73%。伪狂犬病病毒中的立即早期基因*IE180*在伪狂犬病病毒复制增殖中具有决定性作用。伪狂犬病病毒中有11种*N*-或*O*-糖基化的糖蛋白，这些糖蛋白中除了gG分泌到细胞外，其他糖蛋白都定位于病毒囊膜上。与毒力密切相关的糖蛋白有TK、gC、gD、gE、gI。在免疫诱导方面，糖蛋白gB、gC、gD是重要的免疫原。

（三）理化特性

伪狂犬病病毒对乙醚、氯仿、酒精、酚类等有机溶剂及紫外线敏感，30g/L酚类、5g/L次氯酸钠可在10min内灭活病毒。阳光直射时，病毒很快灭活。经50g/L苯酚处理2min或接触5 ~ 10g/L氢氧化钠就可使其迅速灭活；伪狂犬病病毒对热耐受，完全灭活需55 ~ 60℃持续30 ~ 50min，80℃持续3min，100℃持续1min。环境中，伪狂犬病病毒的存活依赖于pH和温度，当pH在6 ~ 8，病毒能够稳定存活。

二、流行病学

（一）传染源

猪是感染伪狂犬病病毒后唯一可以存活的物种，是伪狂犬病病毒的天然宿主和贮存宿主。病猪、带毒猪以及带毒鼠类为该病重要传染源。啮齿动物可带毒而成为顽固传染源，其迁徙活动可导致伪狂犬病病毒在不同猪场之间传播。

（二）易感动物

伪狂犬病病毒具有广泛的宿主，几乎所有的哺乳动物和脊椎动物都易感。各种动物的易感程度不同，绵羊和猫高度易感，狗、臭鼬和浣熊中度易感。实验动物中家兔最为敏感。马和鸟几乎不能被伪狂犬病病毒感染。灵长类动物包括人、猴子也对伪狂犬病病毒不敏感。

（三）传播途径

本病的传播途径是直接接触和间接接触传播。病毒可经鼻液、口腔分泌物和呼吸道飞沫排出体外，猪只之间通过鼻部接触、摄入被污染的饲料和饮水等，造成病毒在猪场内部不同猪群或个体之间传播。被伪狂犬病病毒污染的工作人员和器具在传播中也起着重要的作用，空气传播是伪狂犬病病毒扩散的最主要途径。其还可通过阴道黏膜、精液及妊娠时经胎盘传播。公猪感染后，病毒可在精液中持续存在12d。使用含病毒精液人工授精后，可引起母猪感染，造成妊娠失败。处于潜伏感染状态的种猪，其体内中枢神经系统（尤其是三叉神经节）存在病毒基因组，在气候寒冷、营养不良、应激和免疫抑制疾病发生时，病毒基因组转录活跃，产生子代病毒，成为新的传染源，是猪场内病原循环传播的重要原因，也是那些没有外来传染源但却“突然”发生伪狂犬病野毒抗体转阳甚至发病的猪场需要考虑的原因。此外，生长育肥猪免疫抗体合格率低，多数为抗体阴性，群体免疫力低，是目前多数猪群感染伪狂犬病的风险点，其主要原因是免疫程序或免疫方式不合理。

第三节 临床症状及剖检变化

一、临床症状

伪狂犬病病毒的临床症状主要取决于感染病毒的毒力和感染量，以及感染猪的日龄（表6–1）。其中，15d龄以内仔猪死亡率高达100%，断奶仔猪发病率为20%～40%，死亡率为10%～20%。感染耐过猪或亚临床感染的成年猪，可作为隐性带毒猪长期排毒，成为病原贮存宿主。

表6–1 猪感染伪狂犬病病毒的临床症状

种类	临床症状
种猪	不育
公猪	睾丸肿胀、萎缩、性功能下降、失去种用能力
青年母猪	返情而屡配不孕或不发情
妊娠母猪	流产、产死胎、弱仔和木乃伊胎，伴有发热症状
育肥猪	症状较温和，可能会出现精神不振，轻微发热，有的出现呼吸道症状，咳嗽、打喷嚏，增重滞缓
仔猪	高热、呼吸困难、呕吐、腹泻、震颤，进而出现运动失调、间歇性抽搐、昏迷以至衰竭死亡

二、剖检变化

伪狂犬病病毒感染一般无特征性病变。剖检眼观（图6–1）主要见肾脏有针尖

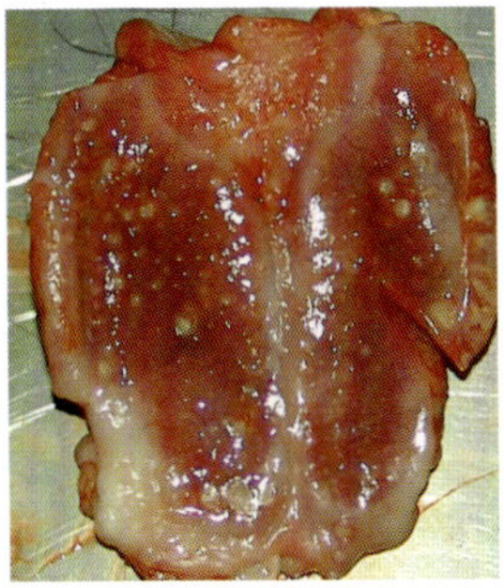

（1）扁桃体点状坏死

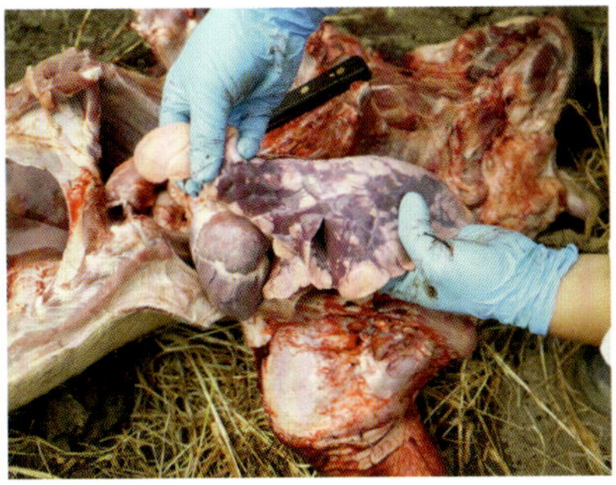

（2）肺脏实变、间质性肺炎

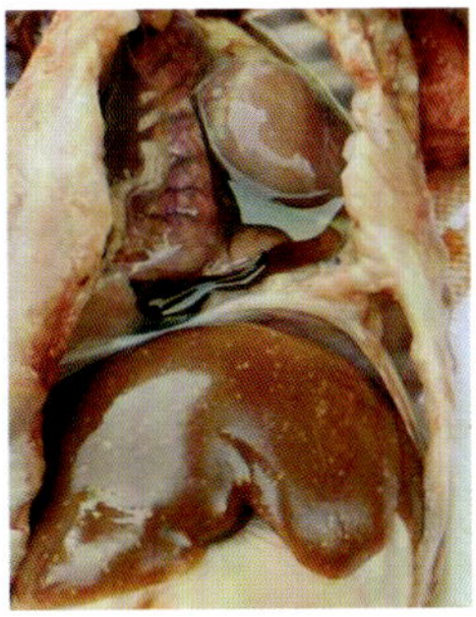

（3）肝脏有大量白色坏死点、肺脏出血、实变、心肌色淡、胸腔积液

图6–1 伪狂犬病的剖检病变

供图：（1）何伟勇，（2）周磊，（3）袁万哲。

状出血点；可见不同程度的卡他性胃炎和肠炎；中枢神经系统症状明显时，脑膜明显充血，脑脊液量过多；肝、脾等实质脏器常可见灰白色坏死病灶；肺充血、水肿和坏死点；子宫内感染后可发展为溶解坏死性胎盘炎。

组织学病变主要是中枢神经系统的弥散性、非化脓性脑膜脑炎及神经节炎，有明显的血管套及弥散性局部胶质细胞坏死。在脑神经细胞内、鼻咽黏膜、脾及淋巴结的淋巴细胞内可见核内嗜酸性包涵体和出血性炎症。有时可见肝脏小叶周边出现凝固性坏死。肺泡隔核小叶质增宽，淋巴细胞、单核细胞浸润。

三、鉴别诊断

伪狂犬病与猪水肿病、猪食盐中毒、猪链球菌病都可引起神经症状，须依靠实验室检测才能鉴别。

第四节 实验室诊断

该病的实验室诊断技术分为病原学诊断、血清学诊断（表6-2）。由于伪狂犬病病毒潜伏感染时其大部分基因处于静止状态，且不向外排毒，对检测技术的敏感性、精确性都提出了很高要求，目前为止还没有一种检测方法能够完全精确地检测出动物体内潜伏感染的伪狂犬病毒。

表6-2 伪狂犬病实验室诊断技术标准及生物安全要求

实验室诊断标准		检测方法	实验活动所需实验室生物安全级别
国际标准	OIE《陆生动物诊断试验和疫苗手册》（第7版）“2.1.2 伪狂犬病”	病毒分离、PCR、病毒中和试验、ELISA	病原分离培养：BSL-2； 动物感染实验：ABSL-2； 未经培养的感染性材料实验：BSL-2； 灭活材料实验：BSL-1
国内标准	《猪伪狂犬病免疫酶试验方法》（NY/T 678—2003）	E糖蛋白酶联免疫吸附试验和免疫酶组织化学试验方法	
	《伪狂犬病诊断方法》（GB/T 18641—2018）	血清中和试验、乳胶凝集试验、PrV-ELISA、gB-ELISA和gE-ELISA等抗体检测方法，病毒分离鉴定、聚合酶链式反应和家兔接种试验等病原检测方法	
	《伪狂犬病病毒荧光PCR检测方法》（GB/T 35911—2018）	荧光RT-PCR	

第五节 综合防控措施

自2011年我国出现伪狂犬变异株的流行后，国家很快出台了伪狂犬病的根除计划，用*gE*基因缺失疫苗与gE抗体检测试剂盒配套使用，剔除野毒感染猪，并加强猪场生物安全措施、引种监测等以严防新毒株的传入。对感染猪场在做好疫苗免疫接种的基础上，加强后备种猪的监测，用阴性后备种猪逐步替换和淘汰阳性种猪，最终建立阴性种猪群，达到阴性种猪场的标准。目前，伪狂犬病得到了较好的控制，但是还没有实现净化的目标。我国养猪业的养殖规模、模式和品种多种多样，再加上地域广阔，气候、猪群健康水平不同，该病的净化与根除将是一个系统而长期的过程。适用于我国猪场的伪狂犬病净化技术主要有以下几个互相关联的阶段和相应的技术手段。

一、伪狂犬病野毒感染调查与评估

在开展净化工作之前，应先开展摸底调查。猪群大小依企业规模大小而定。采血抽样前，要确认种猪群至少1年内未使用全基因病毒疫苗（包括灭活苗）。可按照种母猪群数量的10%、种公猪全群采样。分离血清，用gE-ELISA检测，根据野毒抗体阳性率高低，确定净化方案。对于有2年以上无伪狂犬病的猪场，可采集全部种猪的血液，检测gE抗体，根据检测结果，确定采用下列何种净化措施。

（1）所抽检样品全部为gE抗体阴性，则种猪群逐头检测。如所有血清样品均为阴性，可认为种猪群为伪狂犬病阴性，进入“监测阶段”（需监测是否有病毒存在以及是否有病毒循环传播）。

（2）如果抽检血清样品的gE抗体阳性率低于10%，可实行“检测淘汰-监测与维持”的净化方案。

（3）如果抽检样品的gE抗体阳性率在10%～20%，可实行“强化免疫控制-检测淘汰-监测与认证维持”的净化方案。

（4）如果gE抗体阳性率在20%～30%，可实施“部分清群”；大于30%，该猪群不具备净化条件。如拟净化该病，则应实行“全部清群”措施。

二、强化免疫控制

通过用伪狂犬病*gE*基因缺失疫苗免疫猪群，同时采取生物安全措施和灭鼠等综合措施，达到控制的目的。此阶段的目标是稳定疫情，阻止病猪排出病毒及病原在猪群内的循环传播。免疫计划应执行至少3年。在免疫计划执行之初，猪场的所有母猪被逐渐更换出猪群。而后，对畜群进行整体血清学诊断，以确定感染水平。如果比较低，则可以执行检测–淘汰计划。

（一）免疫程序

1．种猪

种猪（母猪和公猪）实行集中免疫。完成基础免疫（2次免疫，间隔4周）的种猪，4周后基本不排毒，即不会再通过胎盘感染胎儿。此后，间隔4个月1次，即3次/年。需要注意的是所有种猪应在同一天免疫。自留的后备种猪可在配种前再免疫1次。

2．仔猪

哺乳仔猪、断奶仔猪感染严重时，可实施间隔4周的2次免疫，这样可极大地降低死亡率、后续的排毒和继发感染等。2次注射的时间分别在10周龄和14周龄。如若由于种种原因只能免疫一次，则可选择在其14周龄时实施免疫，但可能造成猪只在免疫前空白期内感染伪狂犬病病毒。当产房仔猪和保育猪出现伪狂犬病症状（如腹泻、转圈等）时，可在仔猪出生后48h内采用滴鼻（或喷鼻）方式实施免疫，以克服母源抗体的干扰，并提高局部黏膜免疫力。

3．育成猪

育成猪是猪群中伪狂犬野毒抗体阳性率最高的群体，通过2次免疫、阳性猪出栏和阴性断奶仔猪入群（母源抗体良好的保护，使之在免疫前保持阴性）的循环，最终达到该群的净化目的。

（二）实验室评估

仔猪免疫后3周，采集30份血清，检测gB或全病毒抗体、gE抗体。当gE抗体阴性时，如果85%的样品为gB抗体或全病毒抗体阳性，即可认为群体免疫合格。

（三）临床评估

主要评估不同阶段猪群的具体生产指标。通过强化免疫后，母猪应无繁殖障碍，哺乳仔猪无尖叫、腹泻和转圈、死亡等症状；保育猪无神经症状，育肥猪无伪狂犬病病毒引起的呼吸道症状。

三、检测淘汰措施

（一）种猪群

当抽检种猪群样品的伪狂犬病野毒感染抗体（gE抗体）阳性率在10%以下时，对种猪群实行逐头采样检测。如gE抗体阳性，直接淘汰感染猪；对可疑样品，可用不同批次的同类试剂盒再次检测，也可在10～14d后再抽样复核；如仍为可疑，判为野毒感染阳性，直接淘汰。

（二）后备种猪的检测

对拟选留的后备种猪，可分别在5月龄（或进入后备舍）和配种前1个月检测gE抗体，任何1次为gE抗体阳性或2次可疑，应淘汰处理。

四、全部（或部分）清群

采取“部分清群”时，加大种公猪、母猪逐步淘汰力度。种公猪野毒抗体阳性立即淘汰；对有流产、产死胎、产木乃伊胎等症状的种母猪，要全部采样进行检测，伪狂犬野毒抗体阳性或生产性能较差的母猪立即淘汰；且加大阴性后备补充力度，更新率达到40%以上，逐步达到猪群伪狂犬病净化的目的。当全群野毒感染率超过30%，猪群已不能满足实施净化的条件，可全群淘汰；或可通过加强免疫接种，使其作为商品猪场的繁殖母猪群，但不能作为种猪群。

五、监测与维持阶段

本阶段主要目的是了解在免疫状态下，猪群是否出现伪狂犬病感染，及野毒是否在猪群循环传播。

（一）监测阶段

完成“检测淘汰”阶段1年后，根据猪场实际情况，可采取以下任意一种“哨兵猪”方案，同时猪群仍执行伪狂犬病基因缺失疫苗免疫策略。

1. 先设立哨兵育肥猪，随后设立哨兵母猪

哨兵育肥猪的数量为每条生产线30头猪，均匀分散在不同的猪栏。1个月后全部检测，应为野毒抗体阴性；做2～3批猪重复试验，批次之间间隔1个月。随后，可从合格的哨兵育肥猪中选留免疫抗体和野毒抗体均为阴性的母猪，作为哨兵母猪，进入配种和妊娠过程。哨兵母猪占净化群体母猪数量2%～3%，或最低为10头母猪，也可固定一定数量的非免疫母猪哨兵猪，循环使用。不免疫哨兵母猪分别在配种前、妊娠后40～50d、80～90d、分娩后2周检测野毒抗体，其后代于断奶时（3～4周龄）全部检测，均应为野毒抗体阴性。哨兵母猪需做2批或2次产仔周期的监测。公猪伪狂犬病野毒抗体阴性；疑似病例为伪狂犬病病原阴性；猪群生产成绩正常稳定。

2. 同时设立育肥阶段和母猪阶段的哨兵猪

对于有2年无伪狂犬病或野毒抗体阴性的猪场，可以同时设立和监测哨兵育肥

猪和哨兵母猪。此阶段需要观察1年。

（二）维持阶段

在“监测阶段”后1年内，猪群生产成绩正常，监测全群种猪，所有种猪野毒抗体均为阴性，即可认为是伪狂犬病阴性猪群，完成净化任务，即为“伪狂犬病净化”猪场。这是现阶段我国本病净化工作的目标。按照国外成功经验，完成伪狂犬病净化后，就要取消伪狂犬病免疫（包括活疫苗免疫）预防措施，杜绝弱毒活疫苗在猪场环境中的存在，或者是仅使用基因缺失灭活疫苗。但是，鉴于我国目前伪狂犬病流行现状，而且没有在全国范围内统一实施净化措施，在部分猪场净化后取消免疫措施仍为时过早。但在疾病净化后期，研发和使用基因缺失灭活疫苗，是值得提倡的措施。

六、生物安全措施

（一）加强检疫

如需引种和留种，只能选择伪狂犬病gE抗体阴性的后备种猪。引种后，在本场隔离观察14d，再检测gE抗体，如为阴性，方可使用。在多数情况下，群内感染种畜的引入是导致畜群血清阳性率居高不下的关键所在。

（二）健全生物安全体系

消灭养殖环境中的鼠类等病毒携带者，对预防本病有重要意义。此外，还要严格控制犬、猫、鸟类和其他禽类进入猪场，严格控制人员来往。猪群生产管理中应采取“全进全出”[①]和单向流动的措施并加强养殖环境消毒工作。把卫生消毒工作融入整个养猪生产过程中，包括人员、车辆、环境、猪群等，并注重消毒工作中的每一个细节，最大限度地降低场内的病原微生物，减少或杜绝继发感染。

（三）加强饲养管理

通过提高饲料中的蛋白质、氨基酸、维生素和微量元素等水平，提高饲料的质量（适口性好，易消化）以及猪只的采食量，把饲料质量的变化降到尽可能小，满足猪群对各种营养素的需求，并保证充足的饮水。通过提高营养水平和使用预防用药等综合防制措施增强猪只自身抵抗力，减少应激因素（如氨气、内毒素、混群），可以减少或避免该病对猪群健康所造成的危害。

---

① “全进全出”是指将同1d龄猪或同一批猪同时转入一栋猪舍，出栏时一次全部出栏。全出后整栋进行消毒，阻断疫病传播。

第七章

猪传染性胃肠炎

猪传染性胃肠炎（porcine transmissible gastroenteritis，TGE）是由猪传染性胃肠炎病毒（*Porcine transmissible gastroenteritis virus*，TGEV）感染导致的猪群高度接触性、急性传染性胃肠道疾病，各年龄段的猪均可感染。被世界动物卫生组织（OIE）列入必须通报疫病名录，我国则将其列为三类动物传染病。

第一节 概述

一、起源及分布

1933年，美国的伊利诺伊州首次报道了猪传染性胃肠炎的发生，1956年，日本、1957年英国先后报道了该病。20世纪80～90年代，该病在全球广泛流行，给各国养猪业带来了严重的经济损失。猪传染性胃肠炎病毒变异株猪呼吸道冠状病毒（*Porcine respiratory coronavirus*，PRCV）引起的疫病为猪呼吸道冠状病毒病，于1984年在比利时首次报道，目前广泛流行于欧美等国家。1956年我国广东省首次报道猪传染性胃肠炎的发生，此后全国大部分地区均有该病发生。

二、危害

每年冬季与早春寒冷季节，猪传染性胃肠炎常呈暴发流行，给我国养猪业造成严重危害。猪传染性胃肠炎病毒对首次感染的猪群造成的危害尤为明显。在短期内能引起各年龄的猪发病，发病率高达100%，病势依日龄而异，日龄越小，病情越重，死亡率也越高，2周龄内的仔猪死亡率可达90%～100%。康复仔猪发育不良，生长迟缓，在疫区的猪群中，患病仔猪较少，但断奶仔猪有时死亡率达50%。

三、国内外防控现状

美国防控猪传染性胃肠炎基本思路，见表7–1。

表7-1　美国防控猪传染性胃肠炎基本思路

采取措施分类	防控措施
预防措施	（1）避免从患病或康复猪场引进种猪； （2）严格防控猪场内啮齿类动物，避免饲料被污染，严禁猪群与狗、猫、狐狸、鸟类等动物接触
控制措施	（1）隔离患病猪群，彻底消毒，对污染的病死猪与饲料进行无害化处理； （2）猪传染性胃肠炎暴发时，1～12d龄仔猪口服1～20IU人用α干扰素，可明显增加其存活率； （3）口服葡萄糖液和电解质及适量的抗生素； （4）维持干燥、通风、保温的猪舍环境
净化措施	（1）及时检测，淘汰感染猪只； （2）对所有小猪进行免疫接种； （3）采取全进全出的饲养工艺； （4）定期实施监测

第二节　病原学与流行病学

一、病原学

猪传染性胃肠炎是由猪传染性胃肠炎病毒引起的猪的一种高度接触传染性消化道疾病。猪传染性胃肠炎病毒在分类上属于尼多病毒目（Nidovirales）、冠状病毒科（Coronaviridae）、冠状病毒属（*Coronavirus*）的冠状病毒 Ⅰ 群。目前为止，世界各国分离到的猪传染性胃肠炎病毒毒株均属于同一个血清型，但毒株间存在抗原差异。猪传染性胃肠炎病毒基因组为单股正链①核糖核酸（RNA）病毒，基因组全长约28.6kb，该病毒粒子呈球形，椭圆形或多边形，直径为80～120nm，表面有一层长12～28nm的棒状纤突，如图7-1所示，箭头所指位置为棒状纤突。其基因组结构顺序如图7-2所示，可编码纤突蛋白S、外膜蛋白sM、膜蛋白M与核衣壳蛋白N四个结构蛋白。RNA具有感染性。

猪传染性胃肠炎病毒在4℃条件下可以凝集鸡、绵羊、牛、马和豚鼠红细胞。该病毒粒子能够耐受pH 4～9潮湿环境。在低温条件下，可长期存活。

① 正链核糖核酸指遗传物质可直接作为信使RNA（mRNA）翻译成蛋白质；根据RNA能否直接起mRNA作用，分为单股正链RNA病毒（正股RNA病毒）与单股负链RNA病毒（负股RNA病毒）两种。

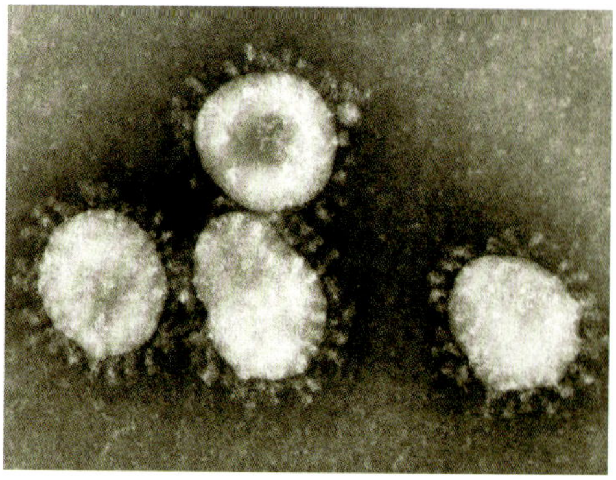

图7-1　猪传染性胃肠炎病毒电镜下结构

资料来源：Oka等，2014。

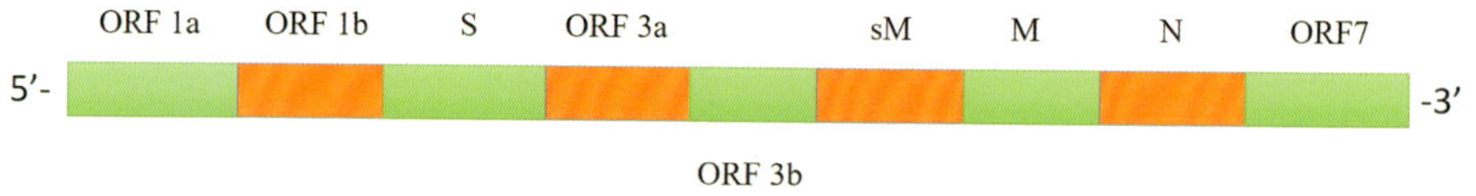

图7-2　猪传染性胃肠炎病毒基因组结构顺序

当易感仔猪感染病毒粒子后，其肠道黏膜表面的肠绒毛受到严重破坏，从而阻碍了营养成分的消化吸收，在肠腔内形成高渗状态，继而引发仔猪快速脱水，导致电解质紊乱而病死。如果环境温度达不到仔猪正常生长发育所需，则会进一步恶化发病仔猪的病情，从而导致更加严重的损失。如果发生继发感染，死亡率会急剧上升。耐过仔猪会因胃肠功能受损而成为僵猪。

二、流行病学

（一）传染源

病猪和带毒猪为该病的主要传染源。

（二）易感动物

本病只侵害猪，所有年龄段的猪均易感，尤其是10d龄以内的仔猪最为敏感，发病率与死亡率可达100%。

（三）传播途径

该病主要通过污染的空气、水源、饲料散播，带毒的犬、猫也可传播此病。发病突然，病程一般约为1周。

（四）流行特点

猪传染性胃肠炎具有季节流行性。在冬季与早春最易发生。在新疫区呈流行性发生，传播迅速，1周内可传遍整个猪群。在老疫区则呈间歇性或地方流行性。

第三节 临床症状及剖检变化

一、临床症状

主要临床症状为精神委顿、呕吐、怕冷、全身粘满污秽的水样稀粪（图7–3）；被毛粗乱无光、眼窝深陷、消瘦、严重脱水，甚至大便失禁、粪便腥臭。成年猪群耐受力较强，感染后常常快速康复。

二、剖检变化

该病主要的剖检病变为：胃内充满未消化的凝乳块；小肠病变严重，肠绒毛短缩，甚至胃肠道黏膜严重脱落，并因肠道内容物发酵而致肠腔充气膨胀，致使肠壁透明［图7–4（1）］。肠系膜淋巴管内无乳糜。肠系膜淋巴结呈串珠状肿大。肠内容物呈白色、黄色［图7–4（2）］。

图7–3　猪传染性胃肠炎的临床症状：水样稀粪

供图：何伟勇。

（1）胃肠壁菲薄　（2）肠内容物呈白色、黄色

图7–4　猪传染性胃肠炎的剖检病变

供图：何伟勇。

三、鉴别诊断

猪传染性胃肠炎与其他猪病毒性、细菌性腹泻特征病变相似，须依靠实验室检测才能鉴别诊断，见表7-2。

表7-2 猪传染性胃肠炎与猪病毒性、细菌性腹泻的鉴别诊断

病名	症状
猪传染性胃肠炎	剖检胃内充满未消化的凝乳块、肠绒毛短缩、肠壁透明
猪流行性腹泻	剖检小肠系膜充血，肠系膜淋巴结水肿，肠绒毛显著萎缩
猪轮状病毒	剖检肠内容物呈浆液性或水样，胃底不出血
猪副伤寒	多发于2～4月龄仔猪，粪便腥臭、混有血液和伪膜，病变部位主要在大肠
仔猪黄痢	7d龄以上很少发病。剖检可见十二指肠和空肠的肠壁变薄，胃黏膜有红色出血斑
仔猪白痢	主要发生在10d龄至断奶猪，粪便为白色糊状，不呕吐。剖检肠壁薄、透明，肠黏膜不见出血
仔猪红痢	粪便呈红褐色，不见呕吐。剖检病变主要在空肠，可见空肠出血，呈暗红色
猪痢疾	黏液性和出血性下痢。剖检可见结肠和盲肠黏膜肿胀、出血，大肠黏膜坏死、有伪膜

第四节 实验室诊断

猪传染性胃肠炎实验室诊断技术采用国际标准——OIE《陆生动物诊断试验和疫苗手册》（第7版）“2.8.11 猪传染性胃肠炎”，与我国现行的猪传染性胃肠炎诊断技术标准——《猪传染性胃肠炎病毒、猪流行性腹泻病毒和猪轮状病毒多重RT-PCR检测方法》（GB/T 36871—2018）、《猪传染性胃肠炎诊断技术》（NY/T 548—2015）、《猪传染性胃肠炎检疫规范》（SN/T 1446—2010）。猪传染性胃肠炎实验室诊断标准及生物安全要求，见表7-3。

表7-3　猪传染性胃肠炎实验室诊断标准及生物安全要求

<table>
<tr><th colspan="2">实验室诊断标准</th><th>检测方法</th><th>实验活动所需实验室生物安全级别</th></tr>
<tr><td>国际标准</td><td>OIE《陆生动物诊断试验和疫苗手册》（第7版）“2.8.11　猪传染性胃肠炎”</td><td>病毒分离鉴定、FAT、ELISA、RT-PCR、NT</td><td rowspan="4">病原分离培养：BSL-2；
动物感染实验：ABSL-2；
未经培养的感染性材料实验：BSL-2；
灭活材料实验：BSL-1</td></tr>
<tr><td rowspan="3">国内标准</td><td>《猪传染性胃肠炎病毒、猪流行性腹泻病毒和猪轮状病毒多重RT-PCR检测方法》（GB/T 36871—2018）</td><td>多重RT-PCR</td></tr>
<tr><td>《猪传染性胃肠炎诊断技术》（NY/T 548—2015）</td><td>病毒分离鉴定、FAT、ELISA、RT-PCR、NT</td></tr>
<tr><td>《猪传染性胃肠炎检疫规范》（SN/T 1446—2010）</td><td>病毒分离鉴定、FAT、ELISA、RT-PCR、NT</td></tr>
</table>

注：NT：中和试验。

第五节　综合防控措施

一、生物安全

生物安全防控措施在预防猪传染性胃肠炎中具有显著效果。对于猪传染性胃肠炎阴性猪场，为避免病毒进入猪场，猪舍应做到全进全出，并定期对猪场进行清洗，消毒。做到不从疫区或发病猪场引进猪只。冬季做好保暖工作，换季和气候突变时要特别注意贼风[①]，做好保温工作，做好其他主要病毒性疾病的疫苗注射工作。管理上实行全进全出，加强饲养管理，提高猪群健康水平，增强猪群的抵抗力。搞好舍内环境卫生，防止潮湿，强化消毒，保持舍内空气新鲜。

二、预防和控制

猪传染性胃肠炎感染后的康复猪，因为肠道黏膜抗体的存在，能短期抵抗病毒的再次感染。肠道主动免疫的机制是肠道浆细胞受到免疫刺激后产生分泌型IgA抗体。研究表明，只有经口和肠道内途径感染才能诱导产生针对传染性胃肠炎病毒的抗体和抗体分泌细胞。而减毒活疫苗诱导分泌型IgA抗体产生的能力较弱。除了体液介导的

① 贼风指从孔隙透入的，不易察觉而可能致病的风。

抗体免疫，细胞介导的免疫在抗传染性胃肠炎病毒感染中也可能发挥重要作用。

对于仔猪来说，母源抗体对抵抗传染性胃肠炎病毒的感染有很重要作用。母源IgA抗体在仔猪肠道稳定，对抗感染最为重要。母源IgG如果能够维持高滴度也有保护作用。

猪群一旦确诊传染性胃肠炎病毒感染，首先要确认发病群。如果是生长猪群，要严格进行隔离管理，做好其他猪舍的消毒和保温措施，尤其是产仔舍和母猪舍的管理一定要加强。如果确定病毒感染了空怀和妊娠母猪群，采集腹泻仔猪的猪粪，或肠、肠系膜淋巴结磨碎，给母猪全群进行匀浆返饲是经过验证有效的方法。一般临产前3～6周给母猪返饲，可能会导致母猪出现轻微腹泻症状。感染母猪的初乳中含有抗体，给小猪以被动免疫。使母猪尽快感染并康复，控制本病进入产房。但是这个方法的前提是，猪群没有其他更为重要的病毒感染，如猪繁殖与呼吸综合征病毒（PRRSV）、猪瘟病毒（CSFV）、伪狂犬病病毒（PRV）等病毒。如果猪群病原复杂，则不建议进行返饲。

发病时，应立即隔离病猪，对猪舍、环境、用具、运输工具等进行消毒。尚未发病的猪应立即隔离到安全的地方饲养。

特异性治疗猪传染性胃肠炎的抗病毒制剂尚未研制成功。目前可行的治疗方法仅仅是减少饥饿、脱水和酸中毒。非肠道补液、补充电解质和加强营养对治疗仔猪有效，但对于猪场不实用。其他的措施还包括：提供温暖（最好32℃以上）无贼风和干燥的环境，并让感染猪可自由接近水或营养液。这些措施将会减少受感染的3～4d龄以上猪的死亡率。抗菌治疗对2～5周龄猪有益，特别是发生与大肠杆菌致病株的混合感染时。当发生疾病时，交叉哺乳或将已感染或易感的同窝仔猪哺乳于之前感染过传染性胃肠炎病毒的康复母猪是有帮助的。

减轻失水、酸中毒和防止并发细菌感染。对失水过多的病猪，静脉注射葡萄糖盐水。仔猪口服免疫血清，2次/d，可提供一定保护。口服从免疫猪所得的抗凝血10mL，1次/d，连续3d，可获得预防和治疗的效果。

三、疫苗免疫

目前有几种获得许可生产的猪传染性胃肠炎病毒疫苗，均为灭活或弱毒疫苗，允许给怀孕母猪和新生仔猪使用。

使用猪传染性胃肠炎病毒弱毒株口腔和鼻内接种免疫效果一般较差，这可能是因为大部分弱毒株病毒在母猪肠道内表面增殖有限，所以，导致对肠表层下IgA浆细胞的抗原刺激很少，相应地IgA抗体分泌就很少。目前存在的困难仍是如何研制出既能刺激母猪肠内IgA抗体应答，又能完全致弱而不具备感染性，不会感染新生仔猪并致病的猪传染性胃肠炎病毒商品疫苗。

第八章

猪流行性腹泻

猪流行性腹泻（porcine epidemic diarrhea，PED）是由猪流行性腹泻病毒（*Porcine epidemic diarrhea virus*，PEDV）感染导致的猪急性肠道传染性疾病，其特点为发病仔猪拉水样便，脱水。

第一节 概述

一、起源及分布

1971年，猪流行性腹泻首次在英国报道，之后相继出现在德国、比利时、日本、加拿大、瑞士等国家。1977年，比利时学者Pensaert与Debouck首次从猪场暴发的症状与猪传染性胃肠炎相似的腹泻病料中分离到一株猪流行性腹泻病毒，命名为CV777株。

1973年上海首次发生仔猪腹泻，并在1983年证实其病原为猪流行性腹泻病毒。1982年，《猪病学》（第五版）正式将猪流行性腹泻病毒命名为猪流行性腹泻病毒。我国在2010年出现猪流行性腹泻变异毒株，随后快速在全国流行。猪流行性腹泻在世界范围内的起源及分布时间见表8–1。

表8–1 猪流行性腹泻起源及分布时间

时间	事件
1971年	英国首次报道
1978年	比利时成功分离到CV777株
1982年	《猪病学》（第五版）正式命名为猪流行性腹泻病毒
1983年、1993年	日本暴发
1997—1998年	韩国暴发
2003年、2006年	中国暴发
2006—2007年	泰国暴发
1971—2009年	流行毒株以经典毒株为主
2010年	中国出现变异毒株

续表

时间	事件
2013年	美国大流行
2014年	席卷欧洲
2015年	美国疫情基本平息，部分散发
2015年12月18日	在英格兰成为法定传染病
2016年至今	部分国家大流行
2010年至今	流行毒株以变异毒株为主

二、危害

猪流行性腹泻目前已成为威胁养猪业最突出的病毒性疫病之一。猪流行性腹泻以呕吐和腹泻为基本特征，各年龄段猪均易感染，一周龄内新发仔猪发病最严重。2010年，中国暴发了由猪流行性腹泻病毒强毒株引起的猪群腹泻，导致一年内损失了100多万头仔猪。猪流行性腹泻危害大，损失严重，给猪场生产管理带来了极大的挑战，使大量的人力、物力、财力投入到猪流行性腹泻防控中。

三、国内外防控现状

韩国防控猪流行性腹泻的主要策略：

（1）提高母猪群的免疫水平，设计合理的免疫程序，见表8-2。

表8-2　韩国防控猪流行性腹泻免疫程序

项目	产前 9 周	产前 7 周	产前 5 周	产前 2 周
发生猪流行性腹泻猪场	活苗	活苗	灭活苗	灭活苗
有猪流行性腹泻感染风险猪场	—	活苗	灭活苗	灭活苗
没有发生猪流行性腹泻猪场	—	—	活苗	灭活苗

（2）利用母猪初乳中的母源抗体对哺乳仔猪进行保护。

（3）减少应激，增加猪只抵抗力，加强猪场管理。

（4）正确诊断，及时上报疫情。

第二节 病原学与流行病学

一、病原学

猪流行性腹泻病毒（*Porcine epidemic diarrhea virus*，PEDV）属于尼多病毒目（Nidovirales）、冠状病毒科（Coronaviridae）、冠状病毒属（*Coronavirus*）的冠状病毒Ⅰ群成员，与猪传染性胃肠炎同属于α冠状病毒属。PEDV是有囊膜的单股正链RNA病毒，基因组全长27～33kb。其编码基因组序列包括*ORF1*、*S*、*ORF3*、*sM*、*M*与*N*。其中*S*、*sM*、*M*与*N*基因编码病毒的结构蛋白，*ORF3*基因编码病毒的非结构蛋白。在电镜下观察，其形状类似于球形。猪流行性腹泻病毒具有高度肠致病性，主要感染小肠的绒毛上皮细胞，引起小肠绒毛脱落并破坏体内绒毛屏障的完整性。

二、流行病学

（一）传染源

病猪和带毒猪是主要传染源，猪流行性腹泻病毒会随着病猪粪便排出体外，污染水源、产床、圈舍、用具，以及饲料。

（二）易感动物

猪流行性腹泻病毒可在猪群中持续存在，各种年龄段的猪均易感。哺乳仔猪、架子猪和育肥猪的发病率可达100%，尤其以哺乳仔猪最为严重。

（三）传播途径

粪-口途径传播是该病主要的传播方式。

（四）流行特点

本病主要在冬季多发，夏季也可发生。我国从12月至次年2月为本病的高发期。本病自然感染潜伏期为5～8d，人工感染潜伏期为8～24h。

第三节 临床症状及剖检变化

一、临床症状

病猪首先表现为呕吐，多发生在吮乳或吃食后，吐出的胃内容物呈黄色或乳白色，随后出现水样腹泻［图8–1（1）］，腹泻物呈灰黄色、灰色或呈透明水样，顺肛门流出，沾污臀部［图8–1（2）］。表现为脱水，眼窝下陷，行走蹒跚，精神沉郁，食欲减退或停食。1周龄以内的仔猪在发生腹泻3～4d后，常因严重脱水而死亡。断乳猪、育肥猪以及母猪症状较哺乳仔猪轻，表现为精神不振、厌食，持续腹泻4～7d后逐渐恢复正常，少数猪生长发育不良。成年猪表现为厌食和腹泻，个别表现为呕吐。

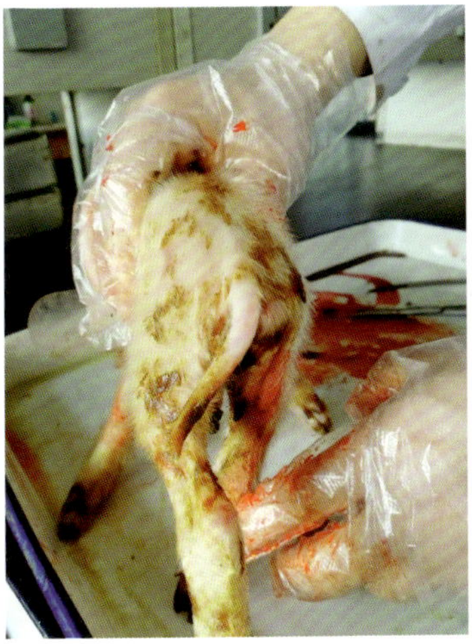

（1）水样腹泻

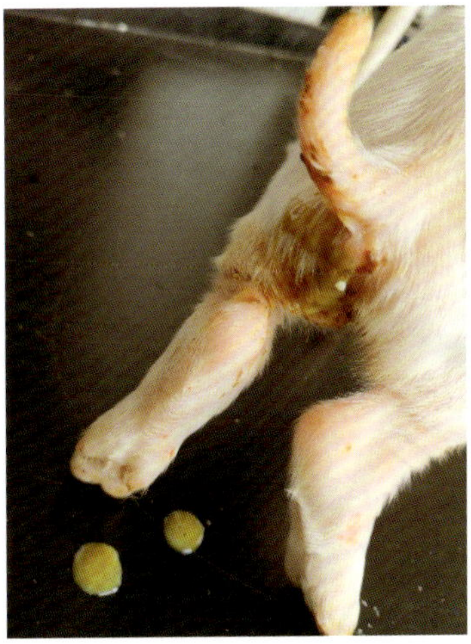

（2）肛周及后肢污染

图8–1 猪流行性腹泻的临床症状

供图：袁万哲。

二、剖检变化

剖检病变主要集中于小肠及胃。以小肠肠壁变薄、外观明亮为特征，尤其是空肠后端的肠壁透明，肠管内有黄色或灰色液体或带有气体［图8–2（1）］；胃内出现乳凝块［图8–2（2）］。猪流行性腹泻病毒感染后的临床表现在严重程度上是不同的，因此并不能与其他腹泻病因区别开来。临床症状取决于猪的年龄（年龄越小发病越重）、猪的免疫状况、是否存在继发感染等。

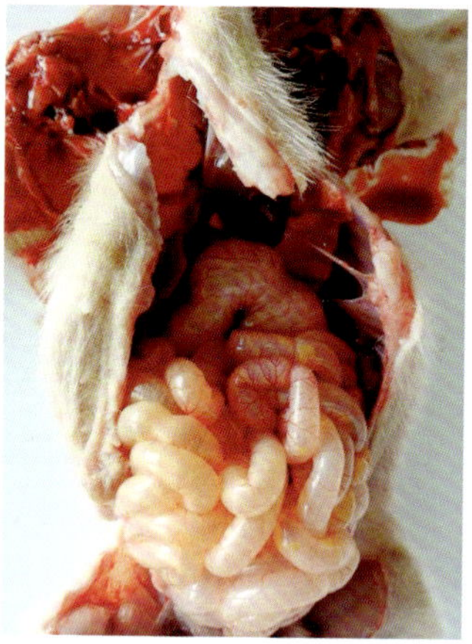

（1）肠管积气

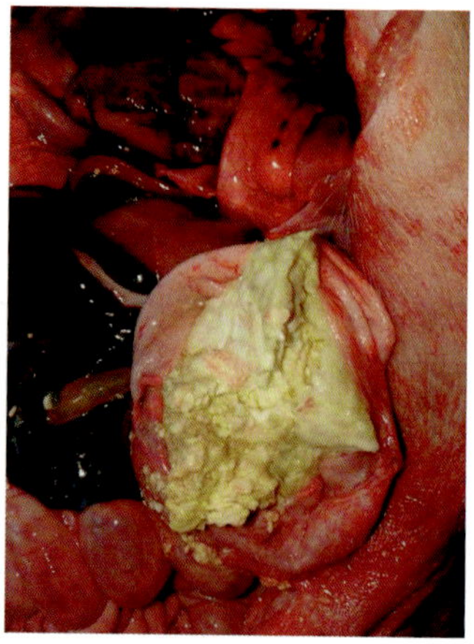

（2）胃内乳凝块

图8-2　猪流行性腹泻的剖检病变

供图：袁万哲。

第四节　实验室诊断

国内猪流行性腹泻病毒诊断技术标准为《猪流行性腹泻病毒RT-PCR检测方法》（GB/T 34757—2017）、《猪传染性胃肠炎病毒、猪流行性腹泻病毒和猪轮状病毒多重RT-PCR检测方法》（GB/T 36871—2018）、《猪流行性腹泻诊断技术》（NY/T 544—2015）、《猪流行性腹泻检疫技术规范》（SN/T 1699—2017），猪流行性腹泻实验室诊断标准及生物安全要求，见表8-3。

表8-3　猪流行性腹泻实验室诊断标准及生物安全要求

实验室诊断标准	诊断方法	实验活动所需实验室生物安全级别
《猪流行性腹泻病毒RT-PCR检测方法》（GB/T 34757—2017）	RT-PCR	病原分离培养：BSL-2； 动物感染实验：ABSL-2； 未经培养的感染性材料实验：BSL-2； 灭活材料实验：BSL-1
《猪传染性胃肠炎病毒、猪流行性腹泻病毒和猪轮状病毒多重RT-PCR检测方法》（GB/T 36871—2018）	多重RT-PCR	
《猪流行性腹泻诊断技术》（NY/T 544—2015）	病毒分离鉴定、FAT、ELISA、RT-PCR、NT	
《猪流行性腹泻检疫技术规范》（SN/T 1699—2017）	病毒分离鉴定、FAT、ELISA、RT-PCR、NT	

第五节 综合防控措施

关于猪流行性腹泻的生物安全管理措施可参照本书第一章猪群健康保障的生物安全管理体系执行，除此之外，该病的综合防控措施还应特别注意以下几个方面：

一、及时、准确的疫病诊断

猪流行性腹泻与猪其他病毒性腹泻在临床症状上高度相似，难以鉴别且混合感染现象严重，因此依靠准确可靠的实验室诊断技术是防控猪流行性腹泻病毒的关键。对于阴性群体而言，所有日龄的猪只均易感，会表现出明显的临床表现。临床上首先使用猪流行性腹泻病毒试纸条进行初测，再通过送检腹泻猪的粪便或者肛拭子至实验室进行PCR检测做进一步诊断。也可以通过病毒分离、免疫组化，以及ELISA方法检测粪便中的抗原和血液中的特异性抗体。

二、科学的免疫预防措施

（一）疫苗免疫

目前仍没有有效的猪流行性腹泻病毒商品化疫苗。使用本场流行的病毒制作的自家灭活疫苗可能对减少临床损失起到一定的作用。

（二）后备母猪的驯化

对于猪流行性腹泻病毒阳性场，使用本场流行的毒株对入群后备母猪进行返饲驯化在猪场的实际应用中可以取得良好的效果。该方法可减少入群的后备母猪被本场毒株感染而排毒的风险，减少母猪在产房排毒的风险，并通过对后备母猪的暴露，给哺乳仔猪提供保护力。

三、疫病的控制与净化

猪流行性腹泻病毒主要危害7日龄以内的哺乳仔猪，仔猪日龄越大，死亡率越低，尽管如此，猪流行性腹泻病毒所导致的腹泻也会对大日龄仔猪的生长速度和消化道的健康带来不利影响。

猪流行性腹泻病毒暴发后，无论是维持阳性稳定，还是采取净化策略，首先做的是减少产房的临床案例的发生。猪流行性腹泻病毒净化的策略是通过全群的返饲，将所有猪群变成非易感动物，提高母源抗体以保护新生仔猪。在新生易感仔猪出生以后，应采取一切措施减少环境中的病毒载量，尽最大可能避免新生仔猪接触到污染的人员、物资、粪便等，让新生仔猪吃到足够的初乳，及时淘汰弱仔猪，减少传染源，切断传播途径，减少猪只的易感性。净化措施包括引入足够的后备母猪，全群进行返饲，封群，暴露并确保至少90%的母猪出现临床表现，产房严格的清洗消毒程序和限制寄养都能有效、迅速地减少产房仔猪的损失。通常情况下，返饲暴露后3周，母源抗体就能产生足够保护力使仔猪不被猪流行性腹泻病毒感染。一旦能持续的产生猪流行性腹泻病毒阴性仔猪，并能让阴性断奶仔猪不被感染，意味着猪流行性腹泻病毒净化的成功。

四、治疗

本病尚无特效药物治疗，通常应用对症疗法，可以减少仔猪死亡率，促进康复。发病后要及时补充水分与盐分，防止脱水，应用抗生素可防止继发感染减少死亡率。

第九章

猪圆环病毒病

猪圆环病毒病（porcine circovirus diseases，PCVD）是主要由猪圆环病毒2型（*Porcine circovirus type 2*，PCV2）引起的一系列猪病的统称，主要包括繁殖障碍、断奶仔猪多系统衰竭综合征、皮炎肾病综合征、猪呼吸道疾病综合征、肠炎、新生仔猪先天性震颤等。猪是PCV的主要宿主，我国将其列为二类动物疫病。

第一节 概述

一、起源及分布

目前，已报道了4种不同的猪圆环病毒：猪圆环病毒1型（PCV1）、猪圆环病毒2型（PCV2）、猪圆环病毒3型（PCV3）和猪圆环病毒4型（PCV4）。猪圆环病毒的发现历史见表9-1。

表9-1 猪圆环病毒的发现历史

时间	猪圆环病毒发现情况
1974年	首次发现PCV1，被认为是猪肾细胞系PK-15污染物，并且对猪没有致病性
1991年	在加拿大，首次报道断奶仔猪多系统衰竭综合征（PMWS）
1998年	首次证实断奶仔猪多系统衰竭综合征（PMWS）病原为PCV2
2016年	美国Palinski等通过宏基因组测序首次发现并命名PCV3
2019年	中国在湖南省患有呼吸道、消化道疾病和猪皮炎肾病综合征（PDNS）的猪群中，首次检测到了另一种新型猪圆环病毒并命名PCV4

PCV2的感染在全世界很普遍，大多数国家猪群的PCV2抗体水平为阳性，并且存在隐性感染。PCV3首次报道于美国，随后，中国、波兰、西班牙、意大利、丹麦、英国、瑞典、韩国、朝鲜、泰国、日本和巴西等国家也报道发现PCV3感染。至此，PCV3已经分布于北美洲、欧洲、亚洲和南美洲。目前，PCV4仍处于研究阶段，在我国多个省市和韩国已检测到PCV4。

二、危害

猪圆环病毒病在世界普遍存在，但当其与其他病毒混合感染后会对猪造成严重危害，给各国养猪业带来巨大经济损失。目前猪圆环病毒病主要由危害最严重的也是最确切的PCV2引起。猪圆环病毒感染生长猪，会导致生长速度下降、饲料报酬降低、均匀度差。感染母猪，会导致延期分娩、产木乃伊胎等繁殖障碍。公猪感染可导致精液带毒，用带毒精液配种可感染母猪，并导致繁殖障碍。由于本病可导致猪群产生严重的免疫抑制，从而会引起继发或并发其他传染病。此外，圆环病毒感染不仅会影响猪只健康，造成猪场经济损失，若防控不佳，还会对基础免疫影响颇大，威胁猪场整体疫病的防控效果，影响生产稳定性。

三、国内外防控现状

PCV2疫苗的上市对猪圆环病毒防控起到了重要作用。接种PCV2疫苗“立竿见影”地降低了猪群断奶仔猪多系统衰竭综合征（PMWS）的发病率。目前，欧洲与美国猪场的PCV2疫苗免疫率已达90%以上，我国规模化养殖场的免疫率也很高。PCV2流行毒株在不断发生变化，目前PCV2d已成为国内外最流行的感染基因型。虽然疫苗并不能完全阻止排毒和传播，但是接种疫苗是目前控制猪圆环病毒病的主要手段。

第二节　病原学与流行病学

一、病原学

（一）形态结构及分类

猪圆环病毒（*Porcine circovirus*，PCV）属于圆环病毒科（Circoviridae）、圆环病毒属（*Circovirus*）。PCV是无囊膜包裹的单股环状DNA病毒，病毒结构为对称二十面体，直径为14 ~ 25nm，病毒基因组1.7 ~ 2.0kb，是已知的最小的动物病毒之一。目前存在PCV1、PCV2、PCV3和PCV4四种血清型。其中PCV1不致病。PCV2基因组序列为1767bp或1768bp，包含11个开放阅读框，即ORF1 ~ ORF11。PCV2有5种基因型，分别为PCV2a、PCV2b、PCV2c、PCV2d和PCV2e。PCV3基因组全长为2000bp，基因组结构与PCV1、PCV2相似，主要包括ORF1、ORF2和ORF3三个开放阅读框。根据PCV3全基因组的遗传特点，PCV3可划分为PCV3a、PCV3b和PCV3c三个分支。PCV4的基因组大小为1770bp，经ORF Finder预测，包含12个开放阅读框，与PCV1、PCV2、PCV3类似，其ORF1和ORF2是两个主要的开放阅读框，与其他猪圆环病毒的基因组同源性为43.2%～51.5%。

Cap蛋白是猪圆环病毒的主要结构蛋白，可以在动物体内诱导产生特异性免疫反应。研究表明，Cap蛋白比Rep蛋白变异程度大，PCV2的不同亚型毒株的Cap基因长度存在差异，N端高度保守。通过分子生物学软件预测，PCV3 Cap蛋白N端与PCV2一样也可能存在核定位信号序列。PCV2和PCV3的Cap蛋白结构及抗原性存在显著差异，推测PCV2和PCV3间无交叉免疫保护特性。

（二）理化特性

PCV对不良环境的抵抗力较强，耐酸性、无血凝活性。PCV1于56℃及70℃加热15min后感染性无明显变化。PCV2于75℃处理15min后，仍具有感染性，只有当温度达到80℃，处理15min后才能完全失去感染性。研究发现，常规巴氏杀菌、干热处理和湿热处理等方法，均不能完全灭活血液制品中的PCV2。由于猪圆环病毒无囊膜，它只对苯酚、季胺类化合物、氢氧化钠和氧化剂等敏感。

二、流行病学

（一）传染源

病猪和带毒猪是传播的主要来源。

（二）易感动物

猪是猪圆环病毒的主要宿主，猪以外的其他动物对猪圆环病毒均不易感，PCV2可感染所有年龄段的猪只。

（三）传播途径

PCV2可通过呼吸道、消化道和泌尿生殖道直接或间接接触传播，其中口鼻接触被认为是病毒传播的主要途径。已发现PCV2、PCV3均可经胎盘和精液进行垂直传播。

第三节 临床症状及剖检变化

PCV2已流行多年，感染情况十分普遍。根据研究显示，PCV2与猪群中许多疫病息息相关，通常与其他病原混合感染。下面是猪圆环病毒相关疾病的简要介绍（表9-2、图9-1）。

表9-2 猪圆环病毒病主要相关疾病的临床症状和剖检变化

疾病名称	临床症状、剖检变化
繁殖障碍	受胎率降低、流产、产木乃伊胎、死产、产弱仔； 死胎和中途死亡的新生仔猪一般表现为纤维素性或坏死性心肌炎
断奶仔猪多系统衰竭综合征	生长缓慢、消瘦、被毛粗乱、皮肤苍白、淋巴结肿大（尤其是腹股沟、肠系膜、纵膈淋巴结较为明显）、伴有黄疸、呼吸困难、腹泻等，并发感染可加速死亡或变为僵猪； 剖检可见肌肉萎缩、淋巴结肿大、肉芽肿性淋巴结炎以及肺脏发生的高度弥漫性间质性肺炎、胆囊充盈
猪皮炎肾病综合征	皮肤特别是后肢和会阴部出现不规则的红紫斑和丘疹，部分猪还会出现发热、食欲降低、体重减轻、呼吸急促、严重可致衰竭死亡； 剖检可见脾脏肿大，肾脏肿大、苍白，表面出现灰白色的大小不一的坏死灶。肾皮质出血、全身性脉管炎、坏死性或纤维素性肾小球肾炎。淋巴结出血肿大
猪呼吸道疾病综合征	咳嗽、生长缓慢、皮毛粗糙、面色苍白； 增生性坏死性间质性肺炎，肺脏肿胀坚硬且有炎性反应，肺部间质变宽，表面呈灰色并散在着大小不一的红色斑点
肠炎	腹泻、饲料转化率低、生长迟缓、死亡率增加。剖检可见肠系膜淋巴结肿大，肠黏膜明显增厚
新生仔猪先天性震颤	新生仔猪的头与四肢颤抖，并出现典型的病毒性脑炎、非化脓性脑膜炎。病情严重者会因颤抖严重而无法吮乳，从而导致饥饿而死

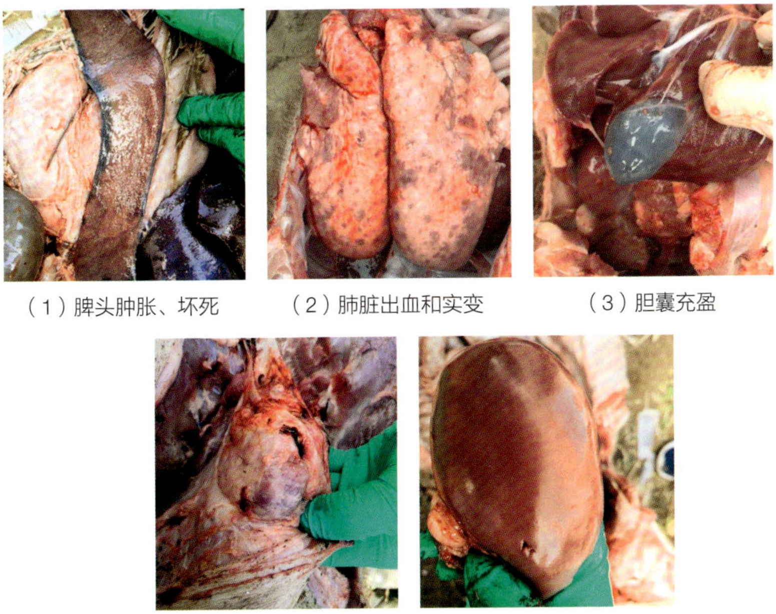

（1）脾头肿胀、坏死　（2）肺脏出血和实变　（3）胆囊充盈

（4）腹股沟淋巴结肿大　（5）间质性肾炎

图9-1 猪圆环病毒病的剖检病变

供图：袁万哲。

第四节 实验室诊断

由于各个猪场猪只健康水平不同，各种疫病的混合感染现象比较严重，往往掩盖了猪圆环病毒的典型临床症状。因此仅仅通过临床表现很难判定猪群是否感染了猪圆环病毒，需要实验室诊断予以确诊。常用的检测方法有：病毒分离鉴定、PCR、定量聚合酶链式反应（qPCR）、巢式聚合酶链式反应（nPCR）、多重PCR、原位杂交技术（ISH）、免疫组化法（IHC）、ELISA试验、间接免疫荧光试验（IFA）、LAMP技术等。目前，现行的有关检测方法方面的国家标准有4个、行业标准1个，见表9-3。

表9-3　现行猪圆环病毒检测标准

<table>
<tr><th>标准分类</th><th>标准名称</th><th>检测方法</th><th>实验活动所需实验室生物安全级别</th></tr>
<tr><td rowspan="4">国家标准</td><td>《猪圆环病毒2型荧光PCR检测方法》（GB/T 35901—2018）</td><td>荧光PCR</td><td rowspan="5">病原分离培养、未经培养的感染性材料实验：BSL-2；
动物感染实验：ABSL-2；
灭活材料实验：BSL-1；
运输包装要求：UN3373</td></tr>
<tr><td>《猪圆环病毒2型病毒SYBR Green Ⅰ实时荧光定量PCR检测方法》（GB/T 34745—2017）</td><td>RT-PCR</td></tr>
<tr><td>《猪圆环病毒聚合酶链反应试验方法》（GB/T 21674—2008）</td><td>PCR</td></tr>
<tr><td>《猪圆环病毒2型阻断ELISA抗体检测方法》（GB/T 35910—2018）</td><td>阻断ELISA</td></tr>
<tr><td>行业标准</td><td>《猪圆环病毒病检疫技术规范》（SN/T 2708—2010）</td><td>病毒分离鉴定、IFA、nPCR、荧光PCR</td></tr>
</table>

第五节 综合防控措施

一、免疫预防

目前控制该病最有效的方式是接种疫苗。国内主要存在PCV2a、PCV2b、PCV2d三种亚型的流行，而当前市面上销售的猪圆环病毒疫苗也以这三种基因型为主。从长期临床应用来看，PCV2各个亚型之间有足够的交叉保护力，注射的疫苗虽然可能与实际致病的基因型不同，但是还是能起到保护猪群的作用。经相关研究显示，当前的主要流行毒株已经开始由PCV2b向PCV2d发生转变，提示养殖场在选择疫苗时要充分考虑基因配型因素，以确保疫苗免疫的效果。当前市场PCV2疫苗主要有以下三类：

（一）灭活疫苗

因为生产工艺相对简单，全病毒PCV2灭活疫苗的产品最多、疫苗基因型也最全，囊括了国内流行的几个亚型。但是因为PCV2在体外细胞系上生长缓慢，培养后的病毒滴度较低，制成的灭活疫苗中有效抗原含量不足，导致保护力较差。另外，灭活疫苗使用的油佐剂有一定的副作用，仔猪接种后应激反应较大，吸收较差。所以，衍生了后续的亚单位疫苗和嵌合体疫苗。不过，随着工艺的不断改进，全病毒PCV2灭活疫苗的抗原含量有所增加，并能刺激机体产生充分的保护力，加之灭活疫苗的基因型比较齐全，目前灭活疫苗还占有一定的市场份额。

（二）亚单位疫苗

亚单位疫苗具有抗原含量足、易吸收的优点，缺点是价格较贵。由于制成的疫苗中含有非猪源蛋白，疫苗注射后会产生一定的应激反应。

（三）嵌合体灭活疫苗

由于PCV2在体外生长缓慢，而PCV1在体外细胞系上生长迅速，将PCV2的衣壳蛋白基因导入到PCV1的基因骨架中，利用PCV1的生长速度，增加PCV2衣壳蛋白的含量，制成抗原含量充足的灭活疫苗。

养殖场应建立完善的免疫程序和严格的免疫制度。制订PCV2的免疫程序时，需要考虑母源抗体的干扰和PCV2在猪群中循环的阶段及强度。在制订程序前，需要在特定时间段采集一定数量的具有代表性的仔猪血清样本（15～30个），测定该时间点PCV2抗体水平，再结合母源抗体的半衰期（约15d）推测出某个时间段大致的母源抗体水平。为减少母源抗体的干扰，建议免疫时仔猪母源抗体值低于疫苗公司推荐的数值。通过对4、8、12、16周龄猪只各采10～15个血清样本，进行qPCR的检测来了解PCV2在生长猪群的循环阶段及强度情况。此外，为减少母源抗体的干扰，应尽量推迟免疫时间。但是，考虑到疫苗免疫后产生良好免疫力的时间（PCV2疫苗注射后体液免疫大约28d后达到高峰），所以需在病毒循环前至少3周完成疫苗接种。母猪、公猪建议每年普免2次，仔猪的免疫时间需要测定母源抗体后再确定，后备猪至少免疫1次。如果选用的疫苗抗原含量不足，则需要增加免疫次数。

另外，现阶段还未研制出PCV3、PCV4疫苗。由于PCV3与PCV2不同亚型Cap

蛋白编码核苷酸同源性在32.6%～34.3%，所以市场上所售的PCV2疫苗对PCV3的防控效果有限。

二、生物安全防控关键点

（一）加强环境管理

（1）在猪场日常工作中应制订严格的消毒制度，对进出车辆、猪舍、环境、用具及食槽等定期进行严格消毒，消毒剂通常选择使用过硫酸氢钾、次氯酸钠、氢氧化钠、二氯异氰尿酸钠等，都可有效杀灭猪圆环病毒，降低病毒的感染率。同时，在猪舍的入口增设消毒通道或消毒池，加强进入养殖场的人员与车辆的消毒措施，防止病毒进入养殖区。

（2）注意栋舍内卫生，保持干净、干燥的饲养环境，并在冬季加强防寒、保暖、防潮，夏季加强降温防暑工作。

（3）做好养殖区防蚊、灭蝇和灭鼠工作，防止犬、猫等动物进入。猪场内禁止混养犬、牛、鸡等其他种类动物。

（二）强化饲养管理

（1）重视引种检疫和管理。若是引进种猪或仔猪，应严格执行引种程序。在引后备母猪、公猪入群时，选择PCV2稳定的种源场，并且最好在引种前进行PCV2检测。在后备猪隔离驯化期间，尽早使用PCV2灭活疫苗进行免疫，使阴性后备猪获得免疫力，降低感染率。

（2）猪群饲养密度适宜，在断奶和转群期间尤其需要注意。

（3）严格执行全进全出制度，不同生长阶段的猪分群饲养，栋舍使用前要有足够的空舍干燥时间。

（4）注意其他疫病的预防和减少应激。猪只感染猪圆环病毒后会产生免疫抑制，当与其他病原发生继发或混合感染后会大大增加猪只的死亡率，尤其是在猪群有转群、注射疫苗等应激情况下，继发感染造成的危害会更大。所以在做好其他疫病预防工作的同时，还要注重日常管理细节，减少应激。

（5）病猪隔离淘汰，对产房异常分娩的死胎、木乃伊胎和病死猪及时进行无害化处理。

（三）做好疫病监测

除了定期做好PCV2抗体水平日常监测工作以外，还要做好出现疑似症状猪只的疫病检测工作。近年来关于猪圆环病毒主要侧重在PCV2的鉴别诊断上，往往忽视了PCV3的存在。所以在检测病原时，需要同时检测PCV2和PCV3。

三、药物防治

目前针对猪圆环病毒病无特效的治疗方案，多为对症治疗。感染猪圆环病毒的猪只可根据表现出的临床症状进行对症用药。通过提高猪群免疫力、采用添加抗生素或中药等方法使病情得到控制。

四、发生疫病后采取措施

按《中华人民共和国动物防疫法》和《动物疫情报告管理办法》中相关规定执行。发现疑似疫情，畜主应对疑似患病动物进行隔离，对病猪污染的场所、用具、物品严格进行消毒。病死猪、淘汰猪及废弃物按照《病死及病害动物无害化处理技术规范》（农医发〔2017〕25号）进行无害化处理。

第十章

猪流行性感冒

猪流行性感冒（swine influenza，SI，后文简称为“猪流感”）是由A型流感病毒引起猪的一种急性、热性、高度接触性传染性呼吸道疾病，也是一种免疫抑制性传染病。各年龄、性别、品种的猪都可感染，同时猪流感属于人畜共患病。我国将其列为三类动物疫病。

第一节 概述

一、起源及分布

1918年美国首次报道了猪流感，迄今为止，欧洲、北美洲、南美洲、亚洲、大洋洲等各大洲均有猪流感发生和流行。目前，在世界范围内流行的猪流感病毒主要包括H1N1、H1N2和H3N2亚型，此外还分离到H1N7、H3N1、G4等共12种其他亚型，其中G4亚型于2013年在中国首次检测到，该病毒*HA*、*NA*基因来源于欧亚类禽谱系，*NS*基因来源于北美三重排谱系，其余基因来源于pdm/09（2009年流行的甲型H1N1流感病毒）谱系。主要流行亚型的起源如表10–1所示。

表10–1　主要流行亚型的起源

亚型	起源
H1N1	1918大流感时期在美国被发现，1930年首次分离到毒株，命名为经典猪流感病毒（CS H1N1 SIV）。1979年，比利时分离到一株全禽源基因的新型H1N1病毒，命名为欧亚类禽H1N1猪流感病毒（EA H1N1 SIV）
H3N2	1970年，在中国台湾地区首次分离，其*PBI*和*HA*基因来自AIV，而其他6个基因来自人的H2N2病毒
H1N2	1978年，日本首次分离，该病毒重组了CS H1N1 SIV的基因骨架和类人H3N2大流感病毒的*NA*基因

目前，中国流行的猪流感主要为H1N1和H3N2亚型，还发现有H9N2和H5N1亚型。

二、危害

猪流感病毒造成的主要危害如表10-2所示。

表10-2　猪流感病毒的危害

危害类别	具体表现
降低生产性能	严重阻碍猪生长发育，导致料重比升高，日增重下降，出栏时间延后
影响繁殖性能	母猪出现流产、产仔数量减少、产弱胎或死胎；公猪跛行、体温升高并伴有睾丸炎，精子质量变差
增大控制难度	免疫抑制，往往会有继发感染和混合感染
危害养猪业健康发展	该病死亡率为4%左右，按照存栏1000头，每头成本500元计算，造成直接经济损失2万元；因治疗产生费用8000元；因生产性能下降造成隐形损失7.5万元。总计1000头猪，损失10万余元。此外，在大规模猪群中，往往会发展为地方性流行，且很难在短时间内彻底清除
影响公共卫生安全	猪流感病毒可以突破种间屏障，直接由猪传播给人，危害人类健康。人流感病毒的变异与猪流感关系密切

三、国内外防控现状

目前，接种流感疫苗和落实生物安全管理是预防猪流感的主要防控技术措施，尚无有效的治疗手段和治疗药物，临床上的药物治疗都是对症治疗以及支持治疗。目前猪流感疫苗研究比较成熟的是全病毒灭活疫苗和亚单位疫苗，其次新型流感疫苗也在不断更新研制中。近年来，在欧洲和美国、中国等多个国家和地区已经大量使用商品化的单价和双价H1N1/H3N2猪流感灭活疫苗。加之从业人员对于生物安全的重视程度显著提高，我国猪流感病毒的防控处于可防可控状态。但是由于流感病毒之间的抗原性和遗传特性不同，因此各地区应加强定期监测，针对当地的流行毒株选用相应亚型的疫苗。

第二节　病原学与流行病学

一、病原学

猪流感病毒（*Swine influenza virus*，SIV）属于正黏病毒科（Orthomyxoviridae）、

甲型流感病毒属（*Influenzavirus* A），粒子多形性，多数呈球形，直径为80～120nm。猪流感病毒是具有囊膜的单股负链RNA病毒（病毒结构示意图见图10-1）。囊膜由双层类脂膜、糖蛋白突起和基质蛋白组成。囊膜表面有许多放射状排列的突起，分别为柱状的血凝素（HA）、蘑菇状的神经氨酸酶（NA），HA和NA是该病毒分型的主要依据。基因组约为13kb，由8个片段组成，主要编码10种蛋白质：聚合酶蛋白（PA、PB1、PB2）、血凝素蛋白（HA）、基质蛋白（M1、M2）、非结构蛋白（NS1、NS2）、神经氨酸酶蛋白（NA）和核蛋白（NP），各蛋白质功能见表10-3。近年来研究发现一些病毒还编码PB2-S1、PB1-N40、PB1-F2、PA-X、PA-N155、PA-N182、M42和NS3蛋白质。

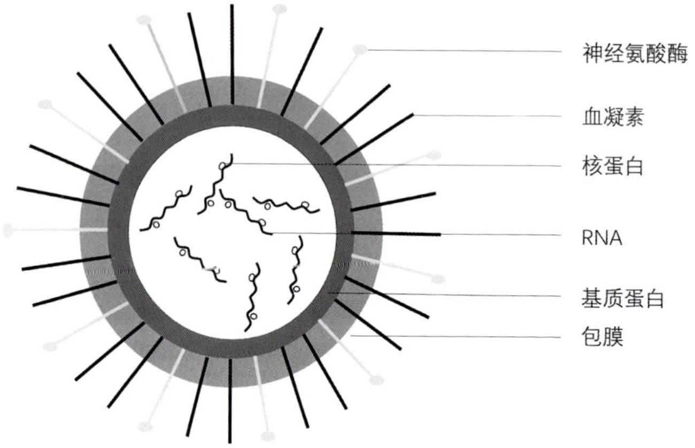

图10-1　病毒结构示意图

表10-3　SIV主要蛋白质的功能

蛋白质名称	功能
HA	与宿主细胞受体结合，参与细胞融合，病毒亚型的依据
NA	参与病毒粒子成熟与释放，防止病毒间聚集，病毒亚型的依据
NP	决定宿主范围，具有型特异性
M1和M2	参与病毒复制的多个环节
NS1和NS2	NS1与致病性相关，NS2参与病毒复制
PA、PB1和PB2	构成聚合酶复合体，具有转录和内切酶活性，其中PB1-F2与致病性相关

二、流行病学

（一）传染源

该病的传染源是病猪和带毒猪，病猪是重要传染源，康复猪可能长期带毒和排毒。猪流感病毒可通过隐性感染或慢性感染的猪在猪群中长期存在。

（二）易感动物

各年龄、性别、品种的猪都可感染。猪流感病毒可以突破种间屏障，直接由猪传播给人，危害人类健康。

（三）传播途径

该病的主要传播途径是经呼吸道感染。病毒可通过空气中被污染的飞沫和粉尘颗粒被猪吸入而感染。也可与病猪或带毒猪直接接触，或因接触其分泌物和渗出物而被感染。蚊虫叮咬也可传播该病。

（四）流行特点

随着集约化、高密度养猪生产方式的普及，猪流感晚秋、冬春的季节性已不太突出，一年四季均可在猪群中流行。其主要特征是发病快，传播迅速（往往2～3d就能够蔓延至全群），具有流行性或大流行性。该病发病率高（高达100%），但死亡率较低（一般在2%～4%）。猪流感的潜伏期为2～7d，病程1周左右。但此病往往与传染性胸膜肺炎、猪繁殖与呼吸综合征和支原体病等其他疾病造成继发感染或混合感染，导致病情复杂、病程延长、死亡率上升。

第三节 临床症状及剖检变化

一、临床症状

该病发病急，其临床表现为体温突然升高（40.3～42.5℃）、厌食、精神萎靡、扎堆且卧地不起、肌肉和关节疼痛、咳嗽、打喷嚏、眼结膜充血或肿胀、流泪。随着病程发展，会表现出呼吸困难，尤其是迫使其行走时出现张口呼吸。如单一感染猪流感病毒，一般经过5～7d即可恢复。若出现继发感染或混合感染，会加剧病情，引发支气管炎、肠炎或者纤维素性出血性肺炎等并发症，体重减轻。妊娠母猪感染后，所产后代仔猪出生2～5d就出现严重发病，部分在哺乳期或断奶前后死亡。在一些病例中猪流感感染还会引起繁殖障碍，如流产等。

二、剖检变化

对于单一感染猪流感病毒死亡的病猪，剖检可见肺脏心叶、尖叶、中间叶及隔叶的背部和基底部发生病变，坚实、塌陷、颜色由红至紫，严重病变区散布有大量的紫色硬结。病变肺组织与周围界限明显，周围的肺组织呈现苍白色气肿状态。肺叶间质发生严重水肿、增宽。喉头、气管和支气管黏膜充血、肿胀并覆盖有黏稠的液体，时而混有血液。小支气管和细支气管充填渗出物。胸腔、心包腔蓄积大量混有纤维素的浆液。脾脏肿大，纵膈淋巴结和支气管淋巴结肿大、充血。如果病猪发生继发感染或混合感染时，往往会造成非常复杂的病理变化。

三、鉴别诊断

该病要注意与普通感冒、猪传染性胸膜肺炎、猪肺疫等进行区别（表10-4）。

表10-4　猪流感与其他类病的鉴别诊断

疾病名称	病原	症状	特点	剖检
猪流感	A型流感病毒	肌肉疼痛、呼吸困难、咳嗽、眼鼻流出黏液、食欲减退、四肢无力	群体感染、突发性、病程短、发热、发病率高但死亡率低	气管及支气管中充满含有气泡的黏液
普通感冒	鼻病毒、冠状病毒、副流感病毒等	精神不振、采食下降，但四肢有力；鼻塞流涕，但较流感轻微	多数为低热	气管及支气管中有清澈的液体
猪传染性胸膜肺炎	胸膜肺炎放线杆菌	精神萎靡、食欲废绝、呼吸不畅、咳嗽、发热	初期发生腹泻和呕吐，口鼻有血色泡沫样分泌物流出，犬坐姿势，耳及四肢皮肤发绀，死亡率高（80%～100%）	肺呈紫红色，气管、支气管充满泡沫状、血性黏液，肺炎区有纤维素性物质附着
猪肺疫	多杀性巴氏杆菌	咳嗽、眼鼻流出黏液、呼吸加快、腹式呼吸	咽喉型会颈部红肿；胸型会痛咳，肺部有摩擦音和啰音，呈犬坐姿势或犬卧姿势；皮肤出现小出血点	淋巴结、胸水、肝脏、脾脏镜检有两极浓染的短杆菌

第四节 实验室诊断

应在出现临床症状后24～72h内采集未经治疗的病猪样品进行鉴定。目前，猪流感病毒的实验室诊断技术主要为血清学诊断和病原学诊断，检测方法主要有HI抗体检测、ELISA试验、免疫荧光技术、RT-PCR、荧光定量RT-PCR、数字PCR、LAMP技术、多重PCR、生物传感器技术和病毒分离鉴定等，相关标准及生物安全要求详见表10-5。

表10-5　猪流感实验室诊断技术标准及生物安全要求

实验室诊断标准		检测方法	实验活动所需实验室生物安全级别
国际标准	OIE《陆生动物诊断试验和疫苗手册》（第7版）“2.8.8猪流感”	细胞培养、凝血抑制试验（HI）、荧光抗体试验、免疫组织化学、ELISA、RT-PCR、	所有感染组织、拭子、鸡胚和细胞培养相关的操作都应在Ⅱ级生物安全柜中进行。 试验期间，人员应采取适当的安全措施，如使用呼吸器等个人防护设备
国内标准	《猪流感病毒核酸RT-PCR检测方法》（GB/T 27521—2011）	RT-PCR	
	《猪流感HI抗体检测方法》（GB/T 27535—2011）	血凝试验（HA）、HI	
	《猪流感病毒分离与鉴定方法》（GB/T 27536—2011）	病毒分离培养、HA、HI、神经氨酸酶抑制试验（NI）	
	《猪流感病毒病检疫技术规范》（SN/T 3972—2014）	病毒分离与鉴定、HA、HI、NI、琼脂凝胶免疫扩散试验（AGID）、荧光抗体检测、免疫组化检测、荧光RT-PCR、ELISA	

第五节 综合防控措施

鉴于猪流感病毒不仅会影响猪群生长，还是禽流感和人流感病毒的“放大器”和重组体。因此，养猪行业从业者要提高认识和警惕，采取有效防控措施，以避免病毒经猪传染给人以及由人传染给猪。按照“预防为主，防治结合”的理念，在落实猪场的生物安全防控管理（第一章已详细阐述猪场的生物安全防控管理）外，还应额外注重以下几个方面：

一、人员管理

（一）入场管理

所有入场人员均应严格遵守养殖场的生物安全管理，内部员工或者访客入场前应检查其健康状况，如果有感冒或者流感症状，或者有发烧的情况，均不允许进入猪场。在入场前必须测量体温，体温超过37.3℃不允许入场。

（二）场内作业管理

在场内作业的时候，需要严格执行生物安全和卫生管理措施，尤其是做好洗手、戴手套、戴口罩和戴眼镜等防护装置，避免猪流感病毒在猪群间传播甚至是由猪传播给人。

二、疫病监测

（一）养殖场监测

在猪场，应该把猪流感列入常规疫病监测项目，以发现病原并确定流行的血清型。建立生猪健康临床检查制度和检查标准，每天进行一次生猪数量、发热、死亡及其他异常情况巡检。发现疑似病例，立即采样，开展猪流感疫病排查。每季度开展1次猪流感病毒病原学和血清学监测。

（二）屠宰场、市场监测

除对疑似猪采样检测外，还应根据实际，开展定点定期或定期不定点监测。

（三）动物疫病预防控制机构

时刻关注国外、国内、本区域猪流感流行的态势，注意收集最新的猪流感监测数据并进行分析和风险评估，以用于早期预警和防范。

三、加强免疫

（一）疫苗的选择

在欧洲，主流疫苗是含有H1N1、H3N2、H1N2毒株和卡波姆（制药时用作乳化剂和悬浮剂）佐剂的三价疫苗。在西班牙和意大利，20世纪70～80年代研制的含有H1N1和H3N2毒株并配合油佐剂或者氢氧化铝胶佐剂的疫苗也在使用。在北美，四种商业化疫苗的两种含有来自于H1和（或者）H3分支的多种毒株。在北美也有使用猪流感灭活自家苗。在日本，主要的商品二价疫苗含有H1N1和H3N2毒株，这些毒株是在20世纪60年代末和70年代分离出来的。在韩国，现有三种灭活疫苗，其中两种是三价的，含有2004—2005年流行的毒株。在这两个亚洲国家，猪流感疫苗主要使用非油基佐剂。在中国，猪流感疫苗主要是两类产品，一类是H1N1单价产品，另一类是H1N1和H3N2二价产品。根据中国兽药信息网基础数据库显示，中国有四家公司生产2种含佐剂灭活疫苗，一种是猪流感H1N1（TJ株）亚型灭活疫苗，另一种是H1N1（LN株）和H3N2（HLJ株）二价疫苗。

由于猪流感病毒在自然界中亚型很多，而各亚型的交叉保护力很弱，而不同疫苗可能含有完全不同的毒株，且不同疫苗间抗原含量和佐剂也可能完全不同。因此应根据本区域本场内流行病学的调查结果选择相应的疫苗。猪流感毒株的差异性使得针对该病的灭活疫苗的免疫效力受到影响。针对一种亚型的单一毒株疫苗在全球范围内都有效是不可能的。由于只含有H1或者H3疫苗株通常不能对一个区域内流行的多型毒株产生交叉保护，因此需要选择针对一个亚型的多毒株疫苗。其次影响免疫效力的因素还包括免疫原性、抗原浓度、佐剂等。通常来说，兽用的油佐剂疫苗跟人用的不含佐剂的流感疫苗相比，能够提供更宽的保护。灭活疫苗免疫能通过显著降低感染猪的肺部病毒滴度，避免猪感染后出现临床症状。其也能减少上呼吸道病毒滴度，包括减少鼻分泌物排毒。2018年，美国上市的使用反向遗传技术研发的H3N2和H1N1二价猪用流感弱毒活疫苗被许可在1d龄或者以上仔猪上使用，不仅对生长育肥猪提供保护，母源抗体对该疫苗干扰还较小，但是母源抗体的存在还是会降低免疫效果。

（二）免疫程序

猪流感危害严重的地区，应及时进行疫苗接种。初次免疫注射两次，间隔2～4周。母猪每年加强免疫两次。产前对母猪进行常规免疫可延长仔猪母源抗体的时间。仔猪可根据母源抗体水平确定初免时间，应在母源抗体完全消失之时（在10～14d龄之后）进行第一次接种。一般在断奶后免疫1次，隔1个月后再接种1次。育肥猪极少免疫接种。

有关研究表明，与单独田间感染或单一免疫相比，先通过鼻内接种欧洲田间流行毒株后再接种H1N1和H3N2二价灭活疫苗的方法能够诱导产生更高的血凝抑制抗体滴度，并产生更广泛的H1抗体反应。有关也表明，使用一种毒株初免后再使用另一种有抗原差异性的毒株进行二免，能够诱导针对这两种毒株的抗体和免疫保护。

此外，种猪群应按照科学合理的免疫程序接种好猪瘟、伪狂犬病、猪繁殖与呼吸综合征、猪口蹄疫等疫苗；仔猪除接种上述四种疫苗外，还应接种副猪嗜血杆菌多价灭活苗、喘气病活菌苗、链球菌双价灭活苗。科学合理接种各类疫苗，可以使猪群具有强大的特异性免疫力，可有效减少猪流感的发生与混合或继发感染的出现。各类疫苗免疫程序参照《动物免疫接种技术规范》等国家标准、行业标准、地方标准执行。

四、发病后处理

（一）隔离治疗

一旦发现猪只或猪群感染猪流感病毒，应及时隔离饲养，配合药物治疗。本病无特效药，但可用解热镇痛、祛痰、平喘药进行对症治疗。按说明使用复方板蓝根、复方大青叶注射液、复方柴胡注射液配合使用氟尼辛葡甲胺注射液或饮用水。也可适当使用抗生素治疗细菌感染引发的并发症，同时补充维生素，提高机体抵抗力。

（二）加强消毒

加强场地和带猪消毒。另外，患病猪接触过的任何用具均应进行严格消毒处理，防止传染源扩大，造成疫病的不可控。

（三）病死猪处理

病猪禁止紧急出售或屠宰。治疗效果不佳、难以康复的病猪或病死猪，应经具有资质的机构进行无害化处理。

参考文献

[1] Barbé, Geoffrey Labarque, Maurice Pensaert, et al.Performance of a *Commercial swine influenza virus* H1N1 and H3N2 antibody enzyme-linked immunosorbent assay in pigs experimentally infected with European influenza viruses [J]. Journal of Veterinary Diagnostic Investigation, 2009, 21(1):88-96.

[2] Carlsson U, Wallgren P, Renström LHM, et al. Emergence of porcine reproductive and respiratory syndrome in Sweden: Detection, response and eradication [J]. Transbound Emerg Dis, 2009, 56(4):121-131.

[3] Corzo C, Mondaca E, Wayne S, et al. Control and elimination of porcine reproductive and respiratory syndrome virus [J]. Virus Res, 2010, 154(1-2): 185-192.

[4] Dongbo Sun, Xingyu Wang, Shan Wei, et al. Epidemiology and vaccine of porcine epidemic diarrhea virus in China: A mini-view [J]. Vet Med Sci, 2016, 78(3):355-363.

[5] Edwards S, Fukusho A, Lefevre PC, et al. Classical swine fever: The global situation [J]. Vet Microbiol, 2000, 73(2-3):103-119.

[6] Elber A R, Stegeman A, Moser H, et al. The classical swine fevere pidemic 1997-1998 in The Netherlands: Descriptive epidemiology [J]. Prev Vet Med, 1999, 42(3-4):157-184.

[7] Hennecken M, Stegeman JA, Elbers AR, et al. Transmission of classical swine fever virus by artificial insemination during the 1997-1998 epidemic in the Netherlands: A descriptive epidemiological study [J]. Vet Q, 2000, 22(4):228-233.

[8] Jeffrey J.Zimmerman, Locke A Karriker, Alejandro Ramirez，等. 猪病学（第十版）[M]. 赵德明，张仲秋，周向梅，等，译. 北京：中国农业大学出版社，2014.

[9] Neumann EJ, Kliebenstein JB, Johnson CD, et al. Assessment of the economic impact of porcine reproductive and respiratory syndrome on swine production in the United States [J]. J Am Vet Med Assoc, 2005, 227(3):385-392.

[10] Pensaert MB, DE Bouck P. A new coronavirus-like particle associated with diarrhea in swine [J]. Archives of Virology, 1978(58):243-247.

[11] Vargas Teran M, Calcagno Ferrat N, Lubroth J. Situation of classical swine fever and the epidemiologic and ecologic aspects affecting its distribution in the American continent [J]. Ann N Y Acad Sci, 2004, 1026:54-64.

[12] Wang Nan, Zhao Dongming, et al. Architecture of African swine fever virus and implications for viral assembly [J]. Science, 2019, 366(6465):640-644.

[13] Zhang HH, Hu WQ, Li JY, et al. Novel circovirus species identified in farmed pigs designated as porcine circovirus 4, Hunan province, China [J]. Transboundary and Emerging Diseases, 2020, 67(3):1057-1061.

[14] 卜欣欣，龙进学，顾敏. 猪流感病毒的进化及其对人类的威胁［J］. 家畜生态学报，2018，39（8）：86-90.

[15] 蔡宝祥. 家畜传染病学［M］. 北京：中国农业出版社，2001.

[16] 陈晶，王晓虎，黄元，等. 非洲猪瘟流行病学研究进展［J］. 广东畜牧兽医科技，2019，44（3）：1-4.

[17] 陈灵芝，张国军，杨珊珊，等. 一起犬伪狂犬病例报告［J］. 中国畜牧杂志，2014，16（10）：92-93.

[18] 陈伟生，沙玉圣，辛盛鹏. 规模猪场（种猪场）非洲猪瘟防控生物安全手册［M］. 北京：中国农业出版社，2019.

[19] 巢万鹏. 猪流行性腹泻病毒与猪链球菌混合感染的诊断［J］. 畜禽业，2021，32（2）：84-86.

[20] 陈雷，朱海侠，曾亮明，等. 猪流行性腹泻的发病机理及防控方法分析总结［J］. 福建畜牧兽医，2021，43（1）：34-37.

[21] 杜丽飞，刘森林，危婷，等. 猪伪狂犬病的研究进展［J］. 现代畜牧兽医，2019（1）：54-59.

[22] 符贻武，陈豪泽，党佳慧，等. 2型猪圆环病毒研究进展［J］. 吉林畜牧兽医，2019，40（1）：10-12.

[23] 顾红旺. 猪流感的流行病学、临床症状、鉴别诊断和综合防控［J］. 现代畜牧科技，2020（2）：77-78.

[24] 高瞻，张光磊，邵军军. 非洲猪瘟诊断技术研究进展［J］. 中国动物检疫，2019，36（9）：63-68.

[25] 郭钱菊，查云峰，刘博洋，等. 猪圆环病毒3型研究现状［J］. 中国兽医科学，2021，51（3）：356-360.

[26] 胡道科，唐凌云，沈荣. 猪流感诊断与综合防治措施［J］. 中国畜禽种业，2020，16（12）：140-141.

[27] 扈荣良，于婉琪，陈腾. 非洲猪瘟及防控技术研究现状［J］. 中国兽

医学报，2019，39（2）：357-369.

[28] 华利忠，冯志新，张永强，等. 以史为鉴，浅谈中国非洲猪瘟的防控与净化［J］. 中国动物传染病学报，2019，27（2）：96-104.

[29] 何启盖，童光志，杨汉春，等. 猪伪狂犬病流行病学特征、净化技术及其应用示范［J］. 中国畜牧杂志，2015，24（51）：68-74.

[30] 蒋葵兰. 概述猪传染性胃肠炎的危害及防治［J］. 今日畜牧兽医，2018，34（12）：83.

[31] 李义明，马协红，田真杰，等. 猪圆环病毒感染综合防治［J］. 畜牧兽医科学（电子版），2020（4）：120-121.

[32] 李宁. 猪圆环病的临床诊断及防治［J］. 畜牧业环境，2019（12）：42.

[33] 李长友，秦德超，肖肖，等. 一二三类动物疫病释义［M］. 北京：中国农业出版社，2011.

[34] 刘建钗，刘彦威. 常见猪病形态学诊断与防控［M］. 北京：化学工业出版社，2016.

[35] 刘忠. 试论猪流感的流行特点和防控新趋势［J］. 饲料博览，2020（12）：68.

[36] 栾培贤，肖建华，赵靓，等. 猪瘟国内外流行情况概述［J］. 东北农业大学学报，2013，44（9）：155-160.

[37] 刘丑生，刘继辉，陈瑶生，等. 生猪养殖与非洲猪瘟生物安全防控技术［M］. 北京：中国农业科学技术出版社，2020.

[38] 刘佩红，王建. 猪传染病防治图谱［M］. 上海：上海科学技术出版社，2015.

[39] 兰德松，魏澍，顾贵波，等. 伪狂犬病病毒野毒株与*gE*基因缺失疫苗株微滴数字PCR鉴别方法的建立［J］. 中国预防兽医学报，2018，40（12）：1138-1141，1156.

[40] 罗一青. 猪流行性腹泻防治策略研究［J］. 吉林畜牧兽医，2021，42（1）：21-23.

[41] 路伟. 猪流感病毒H1N1和H3N2亚型分离鉴定及猪流感二价灭活疫苗的研制［D］. 扬州：扬州大学，2019.

[42] 毛甜甜，白衡，方梅，等. 仔猪伪狂犬病的诊断与病理解剖学研究［J］. 中国兽医科学，2020，50（12）：1580-1586.

[43] 潘耀谦，刘兴友，潘博. 猪病诊治彩色图谱［M］. 3版. 北京：中国农业出版社，2017.

[44] 仇华吉，李赞，贾洪林，等. 猪瘟研究近况（上）［J］. 畜牧兽医科技信息，2004（12）：54-55.

[45] 齐梦竹，李克鑫，李克钦，等. 猪圆环病毒病的流行病学、临床症状

和防治［J］. 猪业科学，2020，37（8）：44-47.

[46] 苏慧娟，李鹏，阳姹. 欧亚禽系H1N1猪流感病毒在中国的流行和遗传进化［J］. 中国科学，2018，48（12）：1287-1294.

[47] 世界动物卫生组织（OIE）. 陆生动物卫生法典（第二十一版）［M］. 农业部兽医局组，译. 北京：中国农业出版社，2013.

[48] 谭伟，谢芝勋. 甲型流感病毒M1、M2和M42蛋白研究进展［J］. 动物医学进展，2015，36（2）：80-83.

[49] 田克恭，李明. 动物疫病诊断技术——理论与应用［M］. 北京：中国农业出版社，2013.

[50] 王景成，李志杰，郑海龙，等. 新常态下猪流感的流行病学、诊断、防控新趋势［J］. 猪业科学，2019，36（6）：98-101.

[51] 王怀禹. 非洲猪瘟国际流行状况、防控经验与发展趋势［J］. 猪业科学，2019，36（10）：34-36.

[52] 王泽岩，高发辉，孙宏伟. 图解猪病鉴别诊断与防治［M］. 北京：机械工业出版社，2017.

[53] 吴松浩，许如苏. 美国猪传染性胃肠炎的防治措施［J］. 中国动物检疫，2001（11）：33.

[54] 翁少亭，曹建科，常艳凯，等. 新型猪流感疫苗研究进展［J］. 畜牧与兽医，2016，48（9）：139-144.

[55] 向敏，夏瑜，王定发，等. 猪伪狂犬病最新研究进展［J］. 湖北农业科学，2020，59（23）：20-23，31.

[56] 徐敏，汪孟航. PCV2d已成为猪圆环病毒2型的优势流行基因型［J］. 畜禽业，2020（10）：2-5.

[57] 徐宁，栾美慧，郜艳雪，等. 猪伪狂犬病病毒变异株在国内的研究进展［J］. 畜牧与兽医，2020，52（10）：132-137.

[58] 杨汉春. 我国猪病流行情况及防控策略［J］. 兽医导刊，2017（11）：14-17.

[59] 杨丽丽. 猪圆环病毒病的流行病学、症状、实验室诊断及防控［J］. 现代畜牧科技，2020（7）：119-120.

[60] 杨晓霞. 猪流感的危害、临床症状、药物治疗及免疫预防［J］. 现代畜牧科技，2021（1）：98-99.

[61] 姚文生，范学政，王琴，等. 我国猪瘟流行现状与防控措施建议［J］. 中国兽药杂志，2011，45（9）：44-47，55.

[62] 朱元源. 外源FLAG插入对猪源口蹄疫病毒O/CHA/90株分子生物学特性及免疫原性的影响［D］. 南京：南京农业大学，2016.

[63] 赵玉辉. 宿主蛋白DFFA及TRIM6与流感病毒相互作用研究［D］. 中国

农业科学院，2021.

[64] 张森洁，杨文欢，译校. 伪狂犬病及其根除：美国经历的回顾——狂犬病的流行病学［J］. 中国畜牧业，2018（12）：45-48.

[65] 张军. 我国猪圆环病毒病的疾病趋势和应对措施［J］. 养猪，2020（6）：124-128.

[66] 庄金秋，梅建国，王艳，等. 猪圆环病毒3型的病原学特征及检测技术研究进展［J］. 中国动物检疫，2018，35（2）：59-61.